高等院校“十三五”应用型艺术设计教育系列规划教材

总主编　罗高生

家具设计

主　编　熊　璐

副主编　罗坤明　史培行　常　瑜　朱　琦

合肥工業大學出版社

图书在版编目（CIP）数据

家具设计/熊璐主编. —合肥：合肥工业大学出版社，2017.8
（高等院校“十三五”应用型艺术设计教育系列规划教材）
ISBN 978-7-5650-3520-3

Ⅰ. ①家… Ⅱ. ①熊… Ⅲ. ①家具－设计－高等学校－教材 Ⅳ. ①TS664.01

中国版本图书馆CIP数据核字（2017）第200880号

家 具 设 计

熊 璐 主编　　责任编辑 王 磊

出 版	合肥工业大学出版社	版 次	2017年8月第1版
地 址	合肥市屯溪路193号	印 次	2017年11月第1次印刷
邮 编	230009	开 本	889毫米×1194毫米 1/16
电 话	艺术编辑部：0551–62903120	印 张	11
	市场营销部：0551–62903198	字 数	320千字
网 址	www.hfutpress.com.cn	印 刷	安徽联众印刷有限公司
E-mail	hfutpress@163.com	发 行	全国新华书店

ISBN 978-7-5650-3520-3　　定价：58.00元
如果有影响阅读的印装质量问题，请与出版社市场营销部联系调换。

前言

家具作为人类发展历程中重要的器物，必然会随着社会的发展和科学技术的进步而不断变化，这种变化无时无刻不在发生。在这其中，家具已不仅是影响人类日常生活和生产实践的工具或商品，同时也是人类文化的一种积淀，是艺术与技术的结合，而这种结合是通过家具设计实现的。因此，家具设计可以理解为一套革新人类生活方式的解决方案。

改革开放以来，中国家具经历了突飞猛进的发展，已跃居出口和生产量第一的位置。但是，多年的因袭模仿和盲目追逐潮流已使得中国家具必然会面临诸多挑战，如何解决当前家具设计中的同质化问题成为一个议题。同时，“十三五”规划大局已经开启，国家进一步提出了供给侧改革，希望提升产品质量，刺激消费。在竞争激烈的大环境下，家具创新设计将成为着力点。从解决家具行业这一需求问题入手，为提升家具设计课程的教学水平，我们组织编写了本书，以期提供有价值的参考。

《家具设计》具有完备的知识系统，设计理论与实例相结合，能够贴近生产实践的具体要求。第一部分介绍了家具设计的概念和意义、任务与特点、基本要素、分类和设计原则；第二部分按照不同国家和历史时期作为依据介绍了家具设计风格及特点；第三部分阐述了家具设计与人体工程学的关系，具体分析了坐卧类家具、凭倚类家具和储藏类家具的人机学要求；第四部分从生产实践的角度分析了家具的材料与形态；第五部分在分析人类感性要素的基础上探索了家具造型设计的原则；第六部分从不同材质入手分析了家具的结构设计；第七部分为家具艺术装饰设计内容，包括装饰方法和要素；最后，进行了家具设计创新构思方法的梳理。整书各部分环环相扣、案例丰富、图文并茂，可作为教材或家具行业的参考书目。

本书由华东交通大学熊璐老师牵头主编，南昌大学罗坤明老师、江西科技学院史培行老师、天津商业大学设计学院常瑜老师、南昌大学朱琦老师担任副主编。家具设计是一个发展和完善的过程，本书希望能够提供一些有价值的积累，限于编者的水平与经验，书中难免有不足之处，恳请广大读者提出宝贵意见，以便今后进一步提高。

编　者

2017年4月

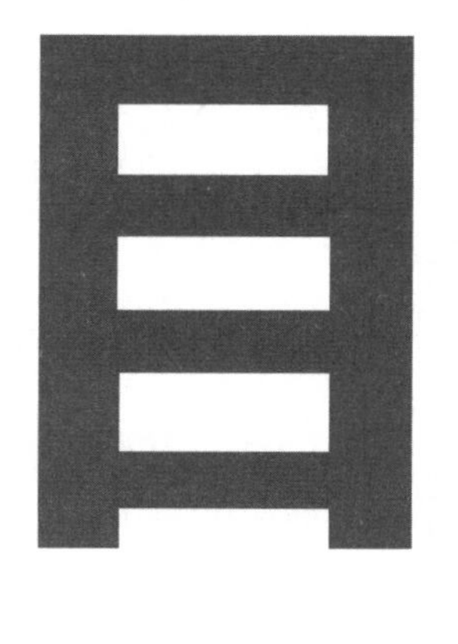

1 第一章 绪　论

◆ **学习要点及目标**

1. 掌握家具设计的概念和意义。
2. 了解家具设计的任务与特点。
3. 掌握家具构成的基本要素。
4. 了解家具的分类。
5. 掌握家具设计的原则。

◆ **核心概念**

功能要素；材料要素；结构要素；造型要素；功能的双重性

蝴蝶凳

如图1.1所示，1954年，日本设计师Sori Yanagi发表了一款椅子设计，造型很像是蝴蝶的一对翅膀，因而就取名叫蝴蝶凳，英语翻译为butterfly stool，构造独具匠心，椅子开头完全相同的两个部分通过一个轴心对称地连接在一起，连接处在座位下用螺丝和铜棒固定，手工制作的弧度不仅轻盈，更透着手感的温润，让人发自内心想要触碰与使用它，体现了家具设计中功能主义与传统手工艺的结合。我们总是惯于欣赏类似蝴蝶凳这样表层丰富多彩的家具设计，却并不知晓这些给我们生活增添了无比美好的家具设计是如何演进而来的，本章将阐释家具设计的含义、任务、特点、分类以及其设计原则，使得我们能够对家具设计有初步的认知。

图1.1　蝴蝶凳

第一节　掌握家具设计的概念和意义

在人类漫长的发展历程中，无论是日常生活，还是生产实践，家具都是必要的设备，家具设计也成为一种重要的社会活动。因此，家具的历史是与人类的历史共同演进的，体现着社会的进步和发展，映射出各个时代人类生活与生产力水平，涵盖了科技、材料、文化和艺术。可以看出，家具在被理解成为具有一般功能的商品之外，还应是一种艺术文化的表达形式。纵观历史，家具设计风格与雕塑、绘画等艺术形式以及建筑设计、工业设计同步发展，共同组成了人类重要的文化、艺术内容。所以，家具的发展过程体现了人类物质文明的发展，更体现了人类精神文明的进步。

在第一次工业革命之前，也就是从公元前4000年到公元第19世纪，家具的发展历史可以理解为木材的使用历史。以木为本，中西都在不断改进家具的类型和加工技艺，逐渐将家具演化成精美的手工艺品，但这一过程中对于装饰的过分追求，导致家具逐渐丧失了必要的功能性。19世纪，欧洲的工业革命爆发，开启了机器生产的时代，新的设计理念和工艺，促使家具设计进入了工业化发展的轨道。基于工业革命的现代家具，接受了科技带来的新材料、新技术，并且结合了社会学、人类学、哲学以及美学的新思想。因此，家具获得了更大的发展空间和内涵积淀，功能性、适用性更强，演变成为一种创新生活与工作方式的工具和文化形态。

家具的英文为furniture，源于法文founiture，定义十分宽泛，具体可释义为家具、设备、移动设备、服装及配件等，通常被理解为现代家具。伴随着人类社会的发展，家具设计含义广泛，如城市与环境设施、家居空间、公共空间和工业产品。因科技与文明的发展是无止境的，人类对于现代家具设计也是一个不断探索和创新的过程，可以看到，家具的材质历经了从木材到金属、塑料再到综合材料；从建筑空间到整个人类生存环境，从室内家具到室外设施，从普通家庭到一定的城市或区域，现代家具从功能和精神上不断地满足用户的需求，创造出更舒适、更健康的生活和工作方式，而这种方式也在不断地变化与革新，会不断地促进新的家具形态产生，所以，家具设计的创新将具有无限的活力。

因此，家具在定义上也存在广义和狭义之分。狭义上看，家具就是家用器物，也可以称为家私，可以满足人类在家居空间内日常的坐卧、支撑和储物需求。广义来看，家具是一类能够维持人类正常生活和开展必要社会活动的器具，在这一范畴，家具可以是具有实用功能的物质产品，也可以是提供精神象征的艺术品，体现出了家具特点的二重性。家具是科学与艺术的结合、物质与精神的结合。

第二节　家具设计的任务与特点

一、家具设计的任务

家具承载了物质文化和精神文化的双重内涵，是人类社会发展的必要基础。家具设计的任务就是以家具作为载体，为人类的日常生活与生产实践提供更加舒适、便捷的物质条件，同时还要满足人类的精神需求，提供美的享受。因此，家具设计也是一种生活方式的创新。

首先，家具设计要为人类的日常生活与生产实践提供更加舒适、便捷的物质条件。如图1.2所示，由Piet Hein Eek设计了一种长几米的椅子，是受荷兰Hertogenbosch的Verkadefabriek委托进行的家具设计，这是一个关于表演艺术、戏剧和电影的文化中心，椅子设计从空间上需要一定的灵活性来容纳一系列功能，Piet Hein Eek设计的这款椅子，可自由延伸，在开放的位置展开，带有双面座位；不用的时候，可以折叠起来收纳，实现了快速、便捷地移动，满足了该中心的需求。如图1.3所示，模块化板凳"DNA"是由莱昂纳多・罗萨诺以及巴西建筑师德博拉・曼苏尔合作的设计成果，受生物遗传学的动态形式启发，腿和桌子都由相同的元素组成，由弯曲的胶合板构成独特的形态，通过镜像设计可以创造多个座椅构件，在公共空间使用，每个单元都是一个独立的座椅可供使用者舒适休憩，并以此创建了一个成螺旋形式的、可延展的公共座椅组合设计。

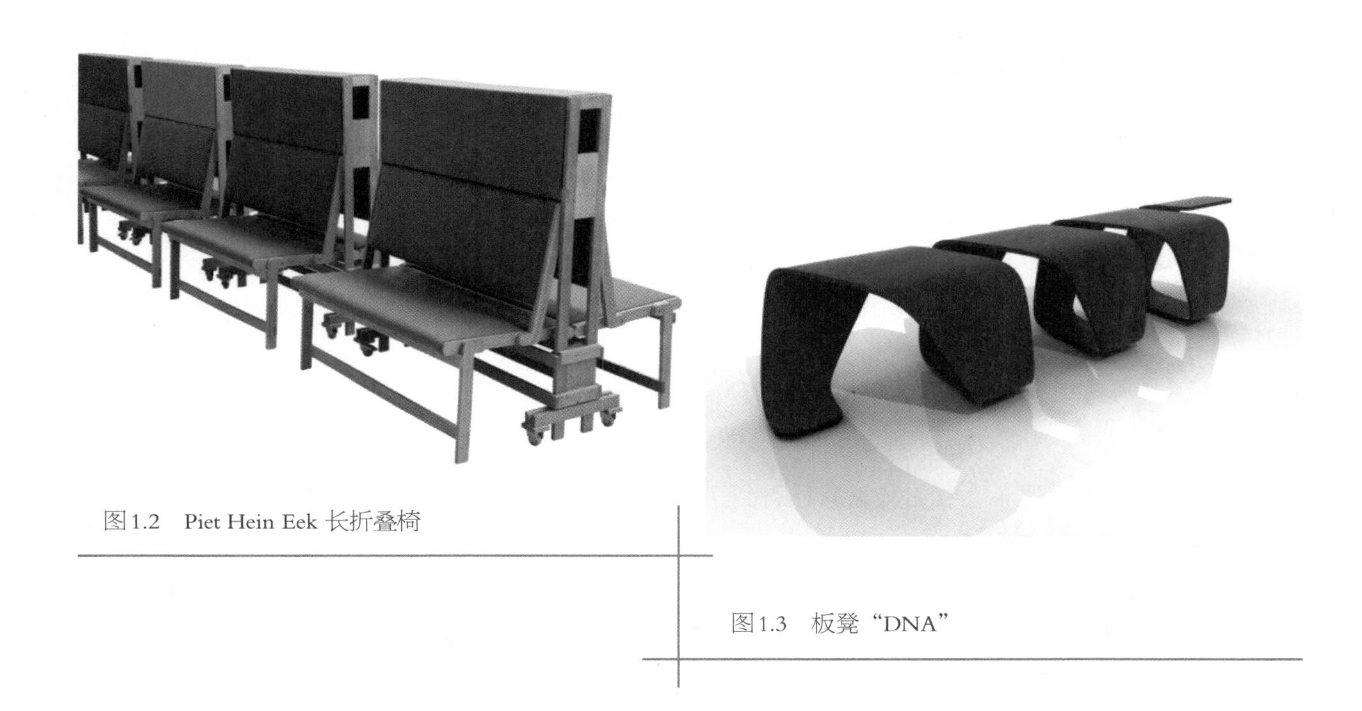

图1.2 Piet Hein Eek 长折叠椅

图1.3 板凳"DNA"

其次，家具设计要能够满足人类的精神需求。如图1.4所示的拥抱扶手椅设计，是Arflex品牌一个全新的、标志性的设计，从功能和材质上看，这组扶手椅设计使用最优质的内衬材料，使得椅子具有高度的舒适度。在此之上，设计者寻找了一个特定的轮廓，一个友好的、可识别的姿势，即"拥抱"。从精神层面而言，这款椅子提供了一个友好和热情的姿态，从开放式的扶手位置可以让用户清晰地感觉到一个普遍的邀请："来吧，跟我坐一会儿，我会让你放松"，这便是家具设计所承载的精神功能。如图1.5所示，设计师Saerom Yoon设计的这款名为Crystal Series的T形小桌。从外表上来看，它就像是童话故事里的水晶一样，款款都有不同的梦幻感觉。实际上设计师并不是利用水晶制作而成，而是采用表面染过色的丙烯酸树脂材料制作而成，每片板子会有两到三种颜色，使它看起来跟真正的水晶没有太大的区别。T形桌经过阳光的照射，会形成折射和反射，给用户营造了与一般家具所不一样的视觉享受。

图1.4　拥抱扶手椅设计

图1.5　Crystal Series的T型小桌

二、家具的特点

1. 实用性

家具的使用具有普遍性，在古代家具已得到了广泛的应用，在现代社会中家具更是无所不在、无处不有。家具以其独特的功能贯穿于现代生活的一切方面：工作、学习、教学、科研、交往、旅游以及娱乐、休息等衣食住行的有关活动中，而且随着社会的发展和科学技术的进步，以及生活方式的变化，家具也处在发展变化之中。如我国改革开放以来发展的宾馆家具、商业家具、现代办公家具，以及民用家具中的音像柜、首饰柜、酒吧、厨房家具、儿童家具等，特别是，它们以不同的功能特性、不同的文化语汇，满足了不同使用群体的不同的心理和生理需求。

在这里，实用性主要是指家具产品的功能是否满足使用者的需求。从古至今，家具得到广泛应用与发展的原因在于它的实用性，它更是贯穿于人类现代社会中的方方面面，如日常生活、学习、工作、休闲、娱乐等衣食住行之中，这种实用性同时也在随着用户需求的变革而不断地演进和发展。比如，随着社会的发展，办公家具也不再只是存在于专门的办公场所，SOHO办公家具逐渐被更多的家庭所接受，在家里创建办公空间成为一种趋势。如图1.6所示，由多点触控软硬件开发商Ideum设计出了Dynamic Desktop办公桌，实现了家用办公桌虚拟化，实用性更强，将虚拟投影和实体结合了起来，Dynamic Desktop的主体是两个可以折叠在一起的大型触屏，分别起着显示器和桌子的作用，一边看着屏幕，一边在下面的触屏里进行着各种操作。同时，只要将现实中的物品放置在上面，下方的桌型触屏就会相应显示出不同的界面来。比方说将记事贴放在上面可以唤出备忘录软件，放置键盘则能立刻调出文字处理软件等，使得日常办公与学习效率更高。

图1.6 Dynamic Desktop办公桌

2. **功能的双重性**

家具不是单纯的功能性产品，而且还是能够得到广泛认可的公共艺术形式，它在满足功能性需求的同时，还承载了人们对于美的追求，让人们能够在与家具的交流中获得特定的审美喜悦和联想。这势必首先牵扯到家具设计所应用的材料、技术、器材、化工、电气等其他的技术领域，又因其丰富的精神内涵，需要与社会学、消费者行为学、哲学、美学、造型设计学等发生互动。因此，从功能上讲，家具既是物质产品，又是非物质的艺术创造，这可以理解为家具在功能上的双重性特点。如图1.7所示，中式花几造型的落地灯设计，体现了中式家具中线条硬朗、挺拔独立的精神，立意鲜明却不受限于原有中式花几的形态，适用性强，能够与多种环境相适应。

图1.7 落地灯设计

3. **文化的承载性**

人类历史的发展是从造物开始的，经验的积累促进了工具的创新与制造，类似行为如语言、图形、颜色、造型、文字的不断出现，逐步形成了人的知性，这是人能够从自然中认识自己的关键。因此，可将这些尝试与积累视作人类认识和改造自然的工具，同时推进了更深层次的造物活动，于是普通器物的单一功能向多层次的功能演进，最终形成了人类的文化，也可以说，人类文化的传承须依靠器物。作为重要的器物，家具的进化史是人类造物活动的一个重要体现，家具产品是人类文化的缩影。在一个国家或者地区不同的历史时期，家具样式、特点、功能、数量和加工工艺也有所不同，它能够反映当时的生活方式、物质水平及文化特征。因此，家具是一个国家或地区在一段历史时期中社会生产力水平的代表，是彰显该民族生活方式的象征，是专属文化形态的缩影，可以看出，家具及其设计蕴含了深厚的社会性。如图1.8所示的明代圈椅设计，造型大方简练、榫卯精密、坚实牢固，重视材料的自然纹理和色泽，不以烦琐的装饰取胜，懂得取舍，传承了中国美学思想，即“以理节情、情理结合”。

图1.8　明代圈椅

第三节　家具构成的基本要素

从上文可知，家具是一种同时具有功能属性和精神属性的产品，而产品本质上是需要进行市场流通的商品，这样才能够参与人类的日常生活与生产实践。因此，家具所具有的功能特性与外观造型往往对用户的购买行为产生重要影响，这二者中，功能特性是用户购买家具所看重的根本点；外观造型则较为直接，能够在第一时间传递家具的美，依靠视觉、触觉等体验，激发用户对家具使用的期待。因此，家具构成的基本要素可总结为功能要素、材料要素、结构要素、造型要素。

一、功能要素

功能是家具构成的第一要素，不同的功能决定了家具形态的特征。从几案、条凳到电视柜、电脑桌，家具顺应着社会的发展，也逐渐成为社会发展的标志。一方面，功能的差异体现着不同家具的适用性；另一方面，也展现着当下最先进的生产力水平。随着人类社会的发展，家具能够提供的实用性功能也越来越多，同时，人类的需求也在不断扩大。二者相辅相成，共同推进着家具功能要素的发展。一般而言，可把家具产品的功能分为技术功能、经济功能、使用功能与审美功能。如图1.9所示的Dxracer品牌旗下的电

图1.9　Dxracer电脑桌

脑桌，专门针对电子竞技比赛而设计，因功能需求，桌面两侧延长提供了更全面的肘部支撑；桌腿采用双八字形态，更加稳定；整体桌面进深较大，适合摆放更大的电脑主机、显示器等设备。

二、材料要素

如今，随着新材料和新工艺的发展，家具构成所需的材料日趋丰富，有助于形成更多风格化的家具特征。家具材料的表现力通常从两个方面来展示：第一，材料本身的质感。如木材、石材、竹、动物皮革等传统自然材料，以及金属、玻璃、塑料、布艺等现代设计材料。设计者可以根据材质的不同，进行不同要求的家具设计运用。第二，材料的表面处理。表面处理工艺可以使同样的材料得到不同的肌理质感，如切削加工方式的不同可形成各具特色的木纹；不同的玻璃加工方式，可形成包含镜面、喷砂、刻花、彩色等在内的玻璃肌理；编织工艺的合理运用，可以将竹藤制作成不同的装饰图案。因此，在家具造型设计中要合理运用这两种材料处理方法，充分发挥材料的天然美以及强化材料的工艺美。

就材料而言，木材一直为古今中外家具设计制作的重点。工业革命后，家具材料从传统的“木时代”跃进“金属时代”与“塑料时代”。早在20世纪20年代，德国包豪斯学院设计师布劳耶（Marcel Breuer）便创新地设计了钢管椅系列，如图1.10所示的他设计的瓦西里椅，运用由抛光镀铬工艺生产的现代钢管作为椅子的基本架构，再选择牛皮和帆布等柔软材料进行椅垫和靠背设计，形态简洁，实用性强，流行至今。二战后，现代工业继续蓬勃发展，新的材料与工艺如人造胶合板、弯曲和胶合技术产生，特别是塑料的发明为家具设计提供了更为广泛的材料选择。如图1.11所示，由著名设计师菲利普·斯塔克在2010年设计的名为“super impossible”的椅子，椅子通体采用塑料材质，周身都有通透的光泽，蛋形的扶手座椅，让椅子整体显得很苗条，极具光泽的纯色赋予了它性感而令人瞩目的外观。

图1.11 super impossible椅

图1.10 瓦西里椅

三、结构要素

图1.12　Aeron可调节座椅

结构是指家具设计中基本单元进行组合与连接的方式，它依据家具特定的功能而组成，是一种系统而非单独的构件，包括家具的内结构和外结构。其中，内结构是指零部件之间具体的连接方式，稳定性、可靠性要求较高；外结构指的是家具不同功能结构间的组成方式，直接与使用者接触，决定家具的基本形态，在尺度、比例和形状上要求较高，如图1.12所示，由Stumpf和Chadwick设计的Herman Miller赫曼米勒Aeron可调节座椅，他们开创了PostureFit机制与Pellicle悬浮系统有助于提高Aeron座椅的舒适度，即使一连坐上好几个小时也不会感觉不适。PostureFit支持人体骨盆的自然前倾，使用户的脊柱保持协调，避免背部疼痛。Pellicle悬浮机制能够减少压力点，为身体提供强大的支撑，使人体保持舒适，座面的高度、深度、后背倾角恰当的椅子可解除人的疲劳感。值得注意的是，材料和工艺的发展变化对结构产生了重要影响。因此，无论是传统的木质家具，还是后来的金属家具、塑料家具，都存在自身特殊的结构特点。

四、造型要素

家具的造型直接展现在使用者面前，它是功能和结构的直观表现。造型要素是构成形体的基本要素，主要包括形态和色彩。形态由点、线、面、体组成，它们和色彩相互配合，共同构成完整的家具造型。

1. 家具造型中的点、线、面和体

造型设计中，点是一个相对概念，它可以有面积或体积，却不存在形状。点在家具造型中的应用较广，既影响功能结构，也为外在装饰。如图1.13所示由曲美家具设计的名为“豌豆公主”的椅子，活泼

图1.13　豌豆公主椅

的豌豆造型弧线简洁明快，便于摇动，特别是椅面在视觉上由编织物形成了“点”形态的分布，充满了趣味。

图1.14 阿弗比恩顶灯

线是点移动所产生的轨迹，点的不同形状演变成了线的粗细和形态。因此，线在有些情境下也可以理解为面。家具造型中的线有三种基本形式，即直线、曲线和直曲线相结合。各种形态的线形构成了家具造型的基本样式，给家具带来丰富的美感。如图1.14所示阿弗比恩顶灯设计，通过线性LED灯管营造出激动人心的光影效果，看起来像是萤火虫在空中舞出的条条光线。

面是由线的封闭产生的，分为平面和曲面，它是线的组成，富于变化。家具造型中，面元素构成了板面、条块以及各种部件的围合。体是面在三维空间内移动或旋转产生的轨迹。体能够让观者在视觉上感觉到重量的存在，即体量。家具造型中，因功能和装饰意图不同，各部分间都存在体量的不同。根据人体对于家具体量感知的差异，可分为开放式家具与封闭式家具。封闭式家具整体性较强，易形成稳重、可靠的感性意向；开放式家具在体量上存在间隙，使人感到轻巧、灵动。如图1.15所示的由MUJI出品的舒适沙发，以细小的微珠取代传统填充物形成一个透软的球体沙发，使之躺卧上去会更加贴合身形，提供了更舒适方便的使用体验，也能为原本简洁的家居空间增添情趣。

图1.15 MUJI懒人沙发

2. 家具造型中的色彩

家具色彩主要体现为造型材料的固有色、表面涂装色以及现代工业色等。

第一，材料固有色。主要指的是木材的固有色，直至今天，木材仍然是家具设计制作的主要材料。作为自然材料，木材的固有色呈现出了无与伦比的肌理，且因木材种类繁多，能够获取的固有色也特别丰富，基本上以适应性较强的暖色调为主。木材固有色具有与环境与人类自然和谐，给人以亲切、温柔、高雅的情调，是家具造型中恒久不变的主要色彩。如图1.16所示为黄花梨木固有色。

图1.16　黄花梨木固有色

第二，表面涂装色。家具基本都需要表面涂装，既能防止家具受到大气及光照的侵蚀，以便延长使用实践；又能产生靓丽的色彩，起到美化和装饰作用。家具表面涂装分两类：首先是透明涂装，具体来看，又可细分为显露材料固有色、染色但保留肌理两种；其次是不透明涂装，又可分为亮光和亚光。透明涂饰适用于珍贵木材或者木材本色极具特点的家具；不透明涂饰会将家具材料固有色完全覆盖，通过涂料的色彩、明度、色相来形成家具表面颜色，自由度高，通常在低档木材、金属、人造板材家具中使用较多。如图1.17所示，宜家品牌中的“Billy”系列书柜运用了咖啡色的表面涂装。

图1.17　Billy书柜的表面涂装色

第三，现代工业色。现代工业色指的是金属、塑料、玻璃等现代材料的颜色，往往需要借助新技术的发展而形成，充分体现了现代家具的时代色彩。如金属的电镀色、不锈钢抛光、铝合金静电喷涂等，而塑料本身即可形成鲜艳的色彩，晶莹剔透的玻璃等等，这些新材料已成为家具设计与制造中必备的素材和色彩形式，而新技术的不断更新与发展，亦会带来更多的现代工业色。如图1.18所示为色彩丰富的宜家家具设计。

图1.18 宜家家具

第四节 家具的分类和设计原则

一、家具分类

家具种类丰富，应从不同的角度、原则出发和考量家具的分类。可初步按照以下四种规则进行家具分类，即材料、功能、结构形式和设计风格。

第一，按所用材料可分为实木家具、板式家具、软体家具、藤编家具、竹编家具、钢木家具和其他人造材料制成的家具（例如玻璃家具、大理石家具等）。软体家具主要指的是沙发、床类家具。

第二，按基本功能可分为客厅家具、卧室家具、书房家具、厨房家具（设备）和辅助家具等几类。

第三，按基本结构形式可分为框式家具、板式家具、拆装式家具、折叠式家具。

第四，按设计风格可分为现代家具、欧式古典家具、美式家具、中式古典家具。

二、家具设计原则

第一，实用性。家具设计首先应能够满足它所承担的用途，同时也要适应家具使用对象的需求。如橱柜设计，西方的橱柜在整体设计上符合西方人的多以冷餐为主的烹饪习惯（如图1.19所示西门子整体橱柜设计），且适合开放式厨房的设定；中式橱柜要适应封闭式厨房的需求，同时预留空间容纳适合煎、炸、炒的电器，符合中国人的烹饪习惯。因此，家具设计应能够满足基本的物质功能需求。

图1.19　西门子整体橱柜设计

图1.20　木材的取材位置

图1.21　明末束腰小炕桌

第二，舒适性。在解决温饱问题后，人们对于生活质量的要求越来越高，家具的舒适便显得更加重要，舒适性要求同时也是产品设计价值的体现。舒适的家具首先需符合人机工程学，要对设计对象及其使用情境有细致的调研。如工作椅子的坐高、坐深、靠背的倾角等都要充分考虑使用者的工作状态、体压分布以及动态特征等，需运用造型、材质设计来消除或缓解人在工作时产生的疲劳，保证工作效率。

第三，安全性。安全性也是家具设计的基本要求，应具有足够的强度与稳定性。设计者应对材料本身的力学性能与家具使用时受力的大小、方向等有充分的研究，并在家具结构设计时进行科学的计算与仿真，保证家具设计的安全性。如图1.20所示，树木不同的取材位置将决定其成型家具的不同性能。除此之外，造型上的安全、材料本身的环保性等也十分重要，不能设计出尖锐的造型，板材、油漆与粘胶等辅助材料中的有害物质含量等不能超标。

第四，艺术性。艺术性强调的是家具的精神属性，家具的艺术性能够为人的感官带来愉悦的享受。艺术性需根植于家具的功能、材料、文化中，还要把握潮流趋势，反映强烈的时代特征。如图1.21所示明末黄花梨木束腰小炕桌，可以放置在炕或者罗汉床上，其边缘设计了拦水线，为标准格角榫攒边，打槽平镶独板面芯，束腰与牙板为一木连做，以格肩榫与腿足、桌面结合，腿足下展为优美的三弯内翻马蹄足，为典型明式家具，造型极具艺术性。

第五，工艺性。工艺性是生产制作的要求，工业革命带来了标准化、机械化和大规模的生产方式。因此，工艺性首先要求家具及零部件都应工业化的生产要求，应体现工业生产的效率。同时，还应考虑是否能实现家具高质量装配的机械化、自动化。家具设计的工艺性还要求在设计与生产时应尽可能使用工业标准件，达到简化生产、缩短加工流程、降低制造成本的目的。如图1.22所示为宜家品牌某系列家具的组装图（局部）。

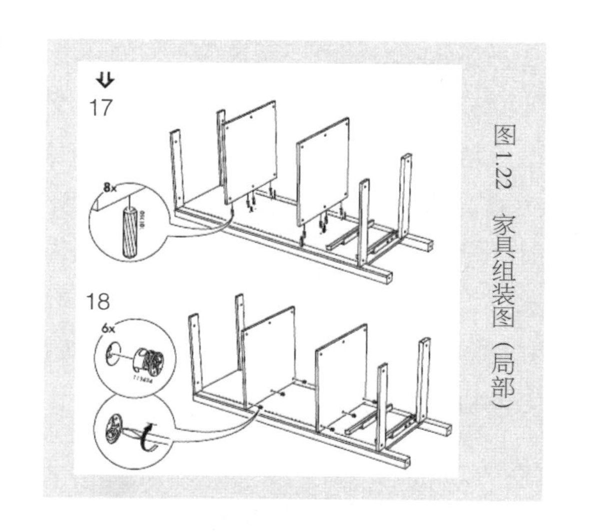

图1.22 家具组装图（局部）

第六，经济性。经济性将对家具在市场上的竞争力产生重要影响。经济性需通过价值工程来测度，这要求家具设计师需掌握一定的价值分析方法，既可避免产生功能过剩的设计，又能发掘最经济的手段实现功能目标的要求。如将传统的、生产周期较长的木材与现代的、生产周期短的金属等材料相结合进行家具设计。如图1.23所示大芯板材料，是一种拼合结构的木质板材，广泛应用于家具设计，提升了家具设计的经济性。

图1.23 大芯板家具

第七，系统性。家具的系统性体现在配套性、家族性和标准化方面。家具通常不单独使用，配套性是指家具设计时应充分考虑其他功能家具或室内环境设计的协调与互补。家族性是指同一家具品牌内的家具设计应具有相同的基因，即使更新换代，某些特征也应能够传承。标准化的实现将摒弃机械的重复的设计与生产劳动，使用一定数量的标准化零部件与单体构成的某一类家具系统，可通过重组来满足各种功能需求，三者共同构成了家具设计的系统性原则。如图1.24所示名为Table＋/－的桌子设计，

图1.24 Table＋/－桌子

由Arquitectos设计，考虑到不同的环境、不同的需求等，由两个单独的桌子组成，可以根据需要拼接成不同样子的大桌子，以适应任何需求，体现了家具的系统设计。

第八，可持续性。可持续设计是对家具设计师提出的要求，在设计中应当倡导绿色设计，减少对于资源，尤其是木材的消耗。在家具设计中，要尽可能地使用可重复再利用的材料，并且实施模块化设计，尽可能延长家具的生命周期。如图1.25所示由建筑大师Frank Gehry设计的瓦楞纸家具。众所周知，纸张可以被分解，然后参与循环再利用，通过科学计算回收过程中所消耗的人力、运输过程所消耗的能源、将纸板变回纸浆再压成瓦楞纸板的过程中所消耗的水电，可知三年循环一次再造的瓦楞纸板椅与木材相比较更为环保。

图1.25 瓦楞纸家具

本章思考与练习

1. 如何理解家具功能的双重性？
2. 家具的设计原则有哪些？
3. 以家具的构成要素为依据，收集相关设计实例素材并整理分类。

第二章　家具设计风格及特点

◆ **学习要点及目标**

1. 了解人类各个历史时期不同地域文化背景下家具设计的风格。
2. 掌握中国古代家具、外国古典家具的造型及艺术表现形式。
3. 掌握二战前后具有代表性的经典家具设计的思想及特点。

◆ **核心概念**

文化背景；明清家具；古希腊罗马家具；二战前后的现代家具

引导案例

如图2.1所示，明式圈椅线脚丰富多彩，千变万化，线型流畅，舒展刚劲。圈椅的设计曲线圆劲有力，极富韵律节奏之美感，造型奇绝，雍容大方，极具艺术研究欣赏价值。明式家具，一般是指在继承宋元家具传统样式的基础上逐渐发展起来的。由明入清，以优质硬木为主要材料的日用居室家具开始出现。它起始时被称为“细木家具”。起初，这种细木家具在江南地区主要采用当地盛产的榉木，至明中期以后，更多地选用花梨、紫檀等品种的木材。当时人们把这些花纹美丽的木材统称为“文木”。特别是经过晚明时文人的直接参与和积极倡导，这类家具迅速以鲜明的风格形象蔓延开来。细木家具具有经久耐用的实用性和隽永高远的审美趣味，它以一种出类拔萃的艺术风貌，成为中华民族文明史中的一颗艺术明珠。圈椅产生于明代，时代特色鲜明，故称其为“明式”。

图2.1　明式圈椅

第一节　中国古代家具样式

课题训练

课题内容： 了解和分析中国古代家具的历史演变和具有代表性的明清家具风格。

课题目的： 学习中国古代家具发展的文化脉络，用过去家具文化的特点来启迪和扩展当代的家具设计与创造。

课题要求： 掌握中国古典家具不同时期的风格演变，掌握中国明代家具的美学特征。

课题教学： 1. 学生结合教师的讲解了解中国古典家具的发展脉络和特点。

2. 教师对不同时期风格的古代家具造型要点进行分析和点评。

3. 教师通过作品赏析，向学生强调不同时期家具发展的造型要点及明代家具的美学特征。

课题作业： 学生临摹明代家具三件，包含透视图、三视图、效果图、尺寸标注和必要的文字说明，A3版面，每一页画一张。

一、宋代家具

宋代以前，中国家具以矮型为主，而至宋代，终于迎来由低向高的快速蜕变。垂足坐取代了席地而坐的生活方式，结束了几千年来席地坐的习俗。宋代的家具实物极少保存，只能从一些绘画中可以看到当时家具的情况。垂足而坐的椅、凳等高脚坐具已普及民间；高型坐具空前普及，椅子的形式也多起来，出现靠背椅、扶手椅、圈椅等。同时根据尊卑等级的不同，椅子的形制、质料和功能也有所区别。五代至两宋时期的家具大体保留着唐代遗风，只是高型家具较前更加普及了。宋代文人的主要审美趋势呈现在家具上，已与唐代的艳丽之风不同，沉静典雅、平淡含蓄成为其主要的艺术格调。这与北宋以后“不在世间，而在心境”的时代精神相通。高坐方式为家具带来的第一个改变是家具高度的变化，高度的变化又直接推动了工艺的改进，其中对榫卯结构的完善又是最核心的。

图2.2　太师椅

如图2.2所示的太师椅，产生于宋代，是唯一以官职来命名的椅子。过去，我们常常说“稳坐太师椅”，指的就是这种椅子，实际上就是在交椅的椅圈上加一个荷叶形托首，属于交椅的一种。宋代名画《春游晚归图》中将太师椅描绘得十分清晰。图中一个官员春游归来，鞍前马后簇拥十余侍从。其中一个肩扛的就是这种带荷叶托首的太师椅，用以供主人随时休息。宋代家具的风格特点：第一，造型简洁。宋代（辽金）家具均采用洗练单纯的框架结构，并采用严谨的尺寸比例，仿建筑大木构梁架式样的做法。第二，装饰隽秀。宋代家具采用极素雅的装饰风格，不作大面积雕刻装饰，最多在局部画龙点睛，这是一种以朴质造型取胜、很少有繁缛装饰的艺术风格。

二、元代家具

元代属于蒙古族创建的帝国，游牧民族的文化、生活习惯与中原文化大不相同，然而蒙古族又是社会的统治者，宋代家具朴素、雅致、简练，更多地体现了传统汉文化内敛的特征，而早期的蒙古人文明程度与宋人相差甚远，加上豪放的蒙古人生性喜欢大的器物，要让其体会精细的宋式家具的内涵，显然是不切实际的。因此，蒙古人的家具受伊斯兰艺术奢华风格的影响也就不足为奇了。元代家具的主要造型特点：第一，形体厚重，展腿式桌与霸王枨的出现，多用云头、转珠、倭角等线型作装饰，家具有较大的尺度，家具上有繁复的雕刻，受伊斯兰艺术奢华风格的影响。如图2.3所示的《史集》中的元代家具，画中的坐具非常别致，是供蒙古族最高统治者可汗及其夫人两人同时共坐的双人座椅。

图2.3 《史集》中的元代家具

第二，传承了宋代家具的传统。在新形式、新结构、新工艺方面主要表现在抽屉桌的出现；霸王枨、罗锅枨等新的结构形式出现；老虎腿、牙板云纹、束腰、45° 倭角结构的定型运用。

第三，造型艺术风格上家具风格豪放不羁，雄宏庄重，丰满起伏，曲圆优美，伸缩有致。

如图2.4所示，交椅下身椅足呈交叉状，可折叠，搬运方便，故在古代常为野外郊游、围猎、行军作战所用。后逐渐演变成厅堂家具，而且是上场面的坐具，古书所说的那些英雄好汉论资排辈坐第几把交椅，即源于此。在宋元时已经出现了带靠背的交椅，分为直背与圈背两大类。明代交椅发展最为鼎盛。明代交椅以造型优美流畅而著称，它的椅圈曲线弧度柔和自如，通常由三至五节榫接而成，座面多以麻索或皮革所制，前足底部安置脚踏板，装饰实用两相宜。在交接之处也多用铜装饰件包裹镶嵌，不仅起到坚固作用，更具有点缀美化功能。

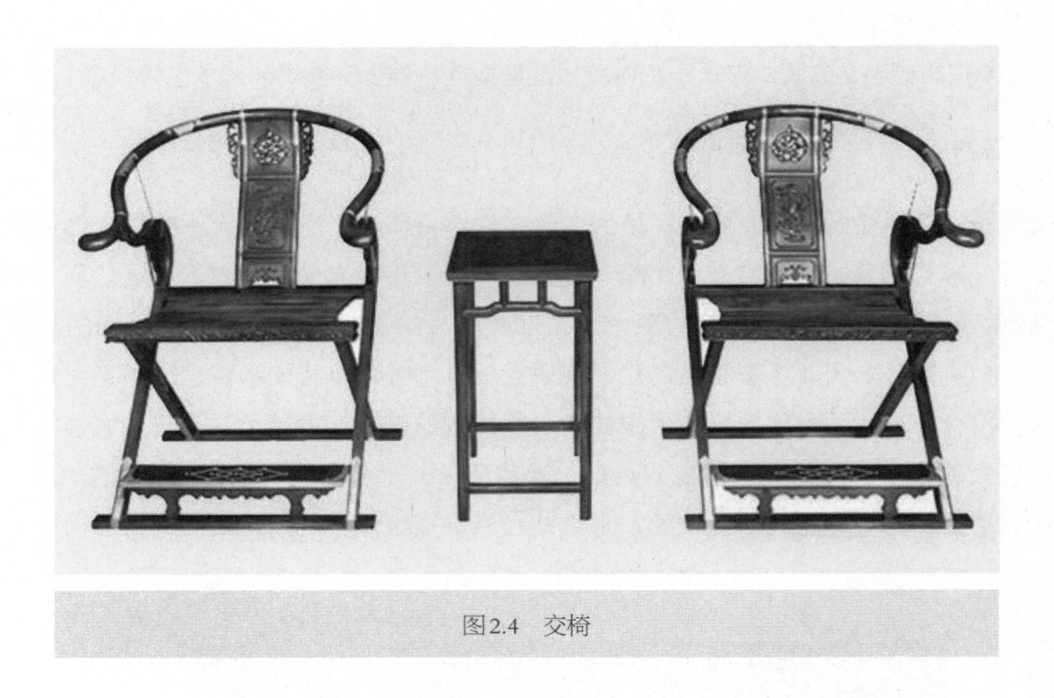

图2.4　交椅

元代家具喜用曲线造型，多在腿足部位和牙板部位，使家具整体呈浑圆曲折之势，如元永乐宫壁画《朝元图》中金母所用的宝座圈椅及小供桌等。装饰上，动物曲线形腿脚开始运用，俗称老虎脚，并合理配置牙板。动物的尾巴纹，又称云纹，在腿上部结构装饰中的运用，开始了直腿、曲腿稳固的造型。如图2.5、图2.6所示的曲线形腿脚造型的运用。

图2.5　元代杉木彩绘三弯腿榻

图2.6　元代动物曲线形腿脚造型

三、明清家具

第一，明及清代前期家具制造业空前繁荣的文化背景，大致上可归于两个原因：一是城市乡镇的商品经济普遍发达起来，社会时尚的追求从一个侧面刺激了家具的供需数量；另一个原因可能与海运的开放有关，硬质木材大量涌入，使工匠们有发挥的空间，竞相制造出在坚固程度和美观实用等方面都超越了前代的家具。所谓明式家具，一般是指在继承宋元家具传统样式的基础上逐渐发展起来的。由明入清，以优质硬木为主要材料的日用居室家具开始出现。它起始时被称为“细木家具”。起初，这种细木家具在江南地区主要采用当地盛产的榉木，至明中期以后，更多地选用花梨、紫檀等品种的木材。当时人们把这些花纹美丽的木材统称为“文木”。特别是经过晚明时文人的直接参与和积极倡导，这类时髦的家具立即得以风行并迅速以鲜明的风格形象蔓延开来。细木家具具有经久耐用的实用性和隽永高远的审美趣味，它以一种出类拔萃的艺术风貌，成为中华民族文明史中一颗艺术明珠。这种家具产生于明代，时代特色鲜明，故称其为“明式”。明代，手工业的艺人较前代有所增多，技艺也非常高超。明代江南地区手工艺技术较前代大大提高了，并且出现了专业的家具设计制造的行业组织。明代，总结各种工艺技术经验的专门书籍逐渐增多。木器家具方面的专著当推《鲁班经匠家镜》一书。它的问世，对明代家具的发展和形成起了重大的推动作用。有关家具方面的书籍还有明代文震亨所编的《长物志》。书中对各类家具一一作了具体分析和研究，对家具的用材、制作、式样分别给予优劣雅俗的评价。明代高濂编著的《遵生八笺》还把家具制作和养生学结合起来，提出独到的见解。这些书籍的出现指导了家具形式的设计和制作生产工艺的提高，并丰富了家具制作的理论。（图2.7、图2.8）

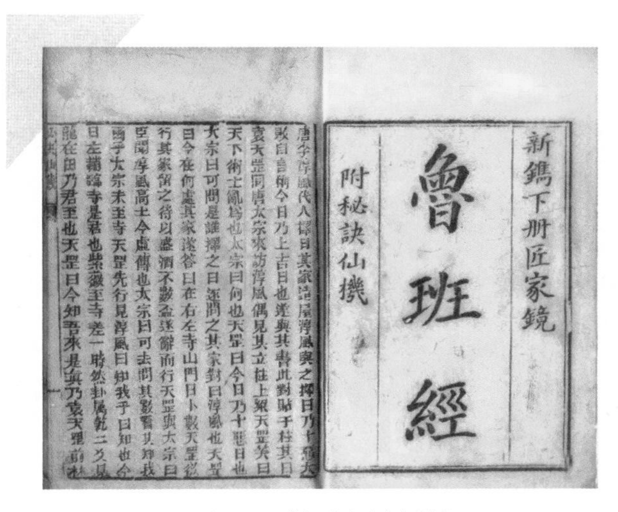
新鐫下册匠家鏡
魯班經
附秘訣仙機

图2.7　《鲁班经匠家镜》

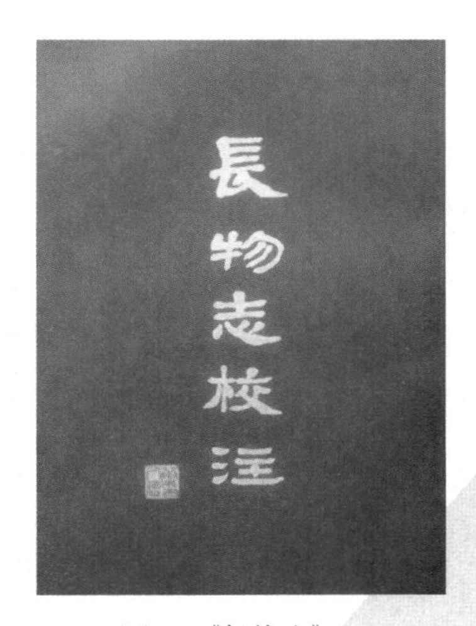

图2.8《长物志》

第二，家具从形制、工艺、装饰、用材等各方面都日趋成熟。大量进口硬木木料如紫檀、花梨、红木都得到上层社会和文人雅士的喜爱。其中色泽淡雅、花纹美丽的花梨木成为制作高档家具的首选材料。国产的木材如南方的与黄花梨接近的铁力木、榉木，用于装饰的黄杨木和瘿木以及专做箱柜的樟木等都被广泛使用。在装饰上有浮雕、镂雕以及各种曲线线形，既丰富又有节制，使得这一时期的家具刚柔相济，洗练中显出精致；白铜合页、把手、紧固件或其他配件恰到好处地为家具增添了有效的装饰作用，在色彩上也相得益彰。家具的种类比以往任何时期都要丰富，不仅有桌、柜、箱类，也有床榻类、椅凳类、几案类、屏风类等等，其中最为集中地出现在清朝初期。根据不同的工艺特点，做法上明显不同，可划分为紫檀作、花梨作、红木作以及柴木作等等，相互有所区别。清初的柴木家具是明代家具中的精品，许多柴木家具风格淳厚、造型敦厚，体现出来自民间的审美情趣。在柴木家具当中，以晋作为最优，河北、山东也不乏佳作，精品不绝。清初之时，家具上的创新不多，出现了尺寸扩大、形式守旧的特征；但随着政治的稳定，社会的繁荣，统治者体现到家具上的追求，一是体积加大，二是装饰一味趋细趋腻。清代中叶以后，苏式家具也出现了新的特征，与风行全国的京式家具相互影响，又各自保留着自身的特点和历史地位，在清代各种不同风格的家具中独树一帜。从家具的工艺技术和造型艺术上讲，乾隆后期达到了顶峰时期。这个时期清朝家具的风格逐渐明朗起来，才真正显示出“清式家具”的独特审美来。

第三，明代与清代的家具各具风格。首先，明代家具的设计风格有如下特点：①造型简练、以线为主。严格的比例关系是家具造型的基础。明代家具的局部与局部的比例、装饰与整体形态的比例，都极为匀称而协调。其各个部件的线条，均呈挺拔秀丽之势。刚柔相济，线条挺而不僵，柔而不弱，表现出简练、质朴、典雅、大方之美。②结构严谨、做工精细。明代家具的卯榫结构，极富有科学性。不用钉子少用胶，不受自然条件的潮湿或干燥的影响，制作上采用攒边等作法。在跨度较大的局部之间，镶以牙板、牙条、券口、圈口、矮老、霸王枨、罗锅枨、卡子花等等，既美观，又加强了牢固性。明代家具的结构设计，是科学和艺术的极好结合。③装饰适度、繁简相宜。明代家具的装饰手法，可以说是多种多样的，雕、镂、嵌、描，都为所用。装饰用材也很广泛，珐琅、螺钿、竹、牙、玉、石等等，样样不拒。但是，决不贪多堆砌，也不曲意雕琢，而是根据整体要求，作恰如其分的局部装饰。如椅子背板上，作小面积的透雕或镶嵌，在桌案的局部，施以矮老或卡子花等。虽然已经施以装饰，但是整体看，仍不失朴素与清秀的本色；可谓适宜得体、锦上添花。明式家具纹饰题材最突出的特点是大量采用带有吉祥寓意的母题，如方胜、盘长、万字、如意、云头、龟背、曲尺、连环等纹，与清式家具相比，明式家具纹饰题材的寓意大都比较雅逸，更增强了明式家具的高雅气质。④木材坚硬、纹理优美。明代家具的木材纹理，自然优美，呈现出羽毛兽面等朦胧形象，令人有不尽的遐想。充分利用木材的纹理优势，发挥硬木材料本身的自然美，这是明代硬木家具的又一突出特点。明代硬木家具用材，多数为黄花梨、紫檀等。这些高级硬木，都具有色调和纹理的自然美。工匠们在制作时，除了精工细作而外，同时不加漆饰，不作大面积装饰，充分发挥、充分利用木材本身的色调、纹理的特长，形成自己特有的审美趣味，形成自己的独特风格。

其次，清代家具的设计风格从发展历史看，大体可分为三个阶段。第一阶段是清初至康熙初，这阶段不论是工艺水平还是工匠的技艺，都还是明代的继续。所以，这时期的家具造型、装饰等，还是明代家具的延续。造型上不似中期那么浑厚、凝重，装饰上不似中期那么繁缛富丽，用材也不似中期那么宽绰。而且，清初紫檀木尚不短缺，大部分家具还是用紫檀木制造。中期以后，紫檀渐少，多以红木代替了。清初期，由于为时不长，特点不明显，没有留下更多的传世之作，这时期还是处于对前代的继承期，家具风格可以称为明式。第二阶段是康熙至嘉庆。这段时间是清代社会政治的稳定期，社会经济的发达期，是历史上公认的“清盛世”时期。这个阶段的家具也随着社会发展、人民需要和科技的进步而兴旺发达。到了清朝黄金时代的乾隆时期，家具生产达到了高峰。这些家具材质优良，做工细腻，尤以装饰见长，充分展示了盛世的国势与民风。这些盛世家具风格，与前代截然不同，代表着清代的主流，被后世称为“清式风格”。清式家具的风格，概括来说有如下两点：①造型上浑厚、庄重。从雍正年开始，家具新品种、新结构、新装饰不断涌现，如折叠式书桌、炕格、炕书架等。在装饰上也有新的创意，如黑光漆面嵌螺钿、婆罗漆面、掐丝珐琅等。另外用福字、寿字、流云等描画在束腰上，也是雍正时的一种新手法。这时期的家具一改前代的挺秀，而为浑厚和庄重。突出为用料宽绰，尺寸加大，体态丰硕。清代太师椅的造型，最能体现清式风格特点。它座面加大，后背饱满，腿子粗壮。整体造型像宝座一样的雄伟、庄重。②装饰上求多、求满、富贵、华丽，多种材料并用，多种工艺结合。甚而在一件家具上，也用多种手段和多种材料。清中期家具特点突出，成为“清式家具”的代表作。清式家具以雕绘满眼绚烂华丽见长，其纹饰图案也相应地体现着这种美学风格。清代家具纹饰图案的题材在明代的基础上进一步发展拓宽，植物、动物、风景、人物无所不有，十分丰富。雕、嵌、描金兼取，螺钿、木石并用。此时家具，常见通体装饰，没有空白，达到空前的富丽和辉煌。吉祥图案在这一时期亦非常流行，但这一时期所流行的图案大都以贴近老百姓的生活为目的，与明式家具的阳春白雪相比，显得有些世俗化。晚清的家具装饰花纹多以各类物品的名称拼凑成吉祥语，如“鹿鹤同春”“年年有余”“早生贵子”等，宫廷贵族的家具则多用“祥云捧日”“双龙戏珠”“洪福齐天”等。明末清初之际，西方文化艺术逐渐传入中国，雍正以后，仿西洋纹样的风气大盛，特别是清代广式家具，出现了中西结合式家具，即以中国传统做法制成，而雕刻西式纹样，通常是一种形似牡丹的花纹，这种花纹出现的年代要相对晚些。清代工匠崇尚在一件家具上同时采用几种工艺手法，如雕刻加镶嵌，彩绘加贴金、包铜或珐琅等，材料的运用也趋多样，常见的有家具上加玉、牙、藤、瓷等等。处理手法比起明代更趋多样化、复杂化。如这一时期出现的紫檀嵌瓷扶手椅、玻璃香几、嵌玉璧插屏、掐丝珐琅宝座等都是清代特有的家具装饰技法。第三阶段是道光以后至清末。至同治、光绪时，社会经济每况愈下。同时，由于外国资本主义经济、文化以及教会的输入，中国原本是自给自足的封建经济发生了变化，外来文化也随之渗入中国。这时期的家具风格，也不例外地受到影响，有所变化。造型上接受了法国建筑和法国家具上的洛可可影响，追求女性的曲线美，过多装饰；木材不求高贵，做工也比较粗糙。

四、案例分析

明式家具的纹饰题材许多都是承传的，如祥云龙凤、缠枝花草、人物传说等，不过明式家具的纹饰题材仍有自己的倾向性和选择性，如松、竹、梅、石榴、灵芝、莲花等植物题材，山石、流水、村居、楼阁等风景题材较多见。明式家具纹饰题材最突出的特点是大量采用带有吉祥寓意的母题，如方胜、盘长、万字、如意、云头、龟背、曲尺、连环等纹。装饰的形式大概分为选料、线脚、雕刻、镶嵌和附属构件，其中雕刻明式家具中的运用最广泛，其表现形式及表现力也最为丰富多彩，生动形象。明式家具纹饰题材最突出的特点是大量采用带有吉祥寓意的主题，纹饰包括有：灵芝纹、回纹、万字纹、如意纹、麒麟纹、龙纹、螭纹、凤纹、蝙蝠纹、牡丹纹等。

如图2.9所示明式玫瑰椅，下背板通体透雕六螭捧寿纹，以丰富精美的图案引人入胜，纹饰设计周密耐看，螭纹形象各异，姿态生动，有老、少、壮、幼螭，四世同堂，吉祥高寿，充满喜庆气氛。用作结子的团螭纹样也妙不可言，意在圆满。由此可见，此椅应是一件礼仪用椅。玫瑰椅是扶手椅的一种，名称来源待考。明清时期玫瑰椅基本形态有四个特点：①所有主要受力杆体截面皆为圆形；②搭脑直靠背矮；③靠背与座屉夹角为90度；④靠背扶手下面有矮栏。图2.9所示的椅子具备以上四个特点，但又在靠背、扶手以及牙板上作了大面积的透雕、浮雕纹饰，造型手法掺入了一些清代因素，使得这把椅子具有了明风清韵的特点。

图2.9 明式玫瑰椅

如图2.10所示的“清乾隆紫檀有束腰板足螭龙纹条桌”成对以483万港币成交。此对条桌精选紫檀木料制成，桌面以攒边镶拼接面芯板，冰盘沿，高束腰起鼓。全器制作不惜材工，具有鲜明的清乾隆宫廷家具风范。

如图2.11所示的“黄花梨瑞兽纹四出头官帽椅”在明清古典家具及明清庭院陈设精品专场中，以460万港币成交。官帽椅分南官帽椅和四出头式官帽椅两种。所谓四出头，又叫北官帽椅，在明清椅类中是一种造型十分成熟的椅类，很有中国气派，它的实质就是靠背椅子的搭脑两端、左右扶手，前端出头。这种椅子使用优质的黄花梨木，其实美在背板多为“S”形，而且多采用纹理十分漂亮的一块独板制成。因为纹理自然天成，就不需要再进行雕琢，这是古代工匠技艺高明之处，值得学习和继承。搭脑中宽形成靠枕，两端微微翘起，曲线既富有弹性，造型又十分流畅舒适。同样的手法又见于扶手以及腿部的细部处理上，彼此呼应，相互衬托，使得此椅大气而富有匠意，是传世同类椅子中之上品。

图2.10 清代螭龙纹条桌

图2.11 黄花梨四出头官帽椅

如图2.12所示的这对顶箱柜木胎髹黑漆，由顶柜和底柜组成。造型取四面平式，正面柜框以寿山石、宝玉、螺钿嵌成各式花果图纹，柜门板心以寿山石、玉石、青玉、玛瑙、绿松石、螺钿嵌成各式花卉、山石，柜子两侧亦做开光嵌饰桂圆、石榴、梅花、飞蝶等吉祥图案，下部壶门牙条，原配包铜套足。上下门板安云纹铜饰件，亦精工细作。边框为名贵黄花梨材质。此柜最特殊之部分是运用了“镶嵌”法，使纹饰显出强烈的立体感，存世量十分稀少。

图2.12　清早期黄花梨黑漆地嵌宝石顶箱柜

五、作品欣赏

图2.13　明代黄花梨高扶手草龙背板南官帽椅

图2.14　明代黄花梨草龙背板玫瑰椅

图2.16　清早期黄花梨束腰半桌

图2.15　明末清初黄花梨麒麟纹翘头案

图2.17　清中期黄花梨素面炕几

图2.20　清代太师椅

图2.18　清乾隆紫檀嵌掐丝珐琅西番莲画案

图2.21　明代宫廷漆家具

图2.19　清早期榉木三屏风螭虎灵芝纹罗汉床

图2.22　清作明式黄花梨透雕螭龙纹嵌玻璃油画屏风

图2.23　流落到法国的清作后加明款黑漆描金顶竖龙纹大柜

图2.24　清早期黑漆嵌螺钿婴戏图方角立柜

第二节　外国古典家具

课题训练

课题内容： 了解外国古典家具的功能形态、装饰风格及特点。

课题目的： 通过本节的学习了解古埃及、希腊、罗马的家具文化的地域性和民族性特征，并且能够掌握时代的风格。

课题要求： 掌握古埃及、希腊、罗马具有代表性的家具风格及文化精神。

课题教学： 1. 让学生归纳外国古典家具的造型与文化特性，绘图并了解其基本功能尺寸。

2. 教师对学生归纳出来的要点进行分析和重点讲授，强调时代背景下的造型与美学特征。

课题作业： 学生临摹外国古典家具三件，包含透视图、三视图、效果图、尺寸标注和必要的文字说明，A3版面，每一页画一张。

一、古埃及家具

埃及是世界最早的文明古国之一，古埃及创造了灿烂的尼罗河流域文化，产生了人类第一批巨大的、神圣的、以金字塔为代表的纪念性建筑，写出了人类文明的辉煌一页。公元前3100年左右，美尼斯统一埃及，形成世界上最早的文明古国。在公元前1500年的极盛时期，古埃及创建了灿烂的尼罗河流域文化。现在保留下来的当时的木家具，有折凳、扶手椅、卧榻、箱和台桌等。埃及成为统一的强盛帝国，形成了中央集权的法老专制制度，有发达的宗教为政权服务，因此有了皇宫、陵墓、神庙等雄伟、神秘、威严的纪念性建筑，也因此有了与这些建筑空间相配套的精美的生活器物、家具、壁画、雕塑。古埃及的家具在艺术造型与工艺技术方面都达到了很高的水平，造型以对称为基础，比例合理，外观富丽堂皇而威严，装饰手法丰富，雕刻技艺高超。桌、椅、床的腿常雕成兽腿、牛蹄、狮爪、鸭嘴等形象。如图2.25所示，帝王宝座的两边常雕刻成狮、鹰等动物的形象，给人一种威严、庄重和至高无上的感觉。古埃及家具装饰图案在特征上以直线占优势，多将家具的腿雕刻成动物腿脚采用双腿静止时的自然姿势，放在圆柱形支架上。采用几何或螺旋形植物图案装饰，用贵重的图层和各种材料镶嵌弧形座位的凳子；折凳的四腿，如剪刀状分两组交叉，脚部常采用鸭嘴图案的雕刻装饰；宝座两边常采用全身的狮子雕刻以作装饰；其他椅榻的兽形腿多呈动物走路时的姿态，作同一方向行进的方式安排。装饰纹样多取材于常见的动植物形象和象形文字，如莲花、芦苇、鹰、羊、蛇、甲虫以及一部分几何图形。家具的装饰色彩，除金、银、象牙、宝石的本色外，常见的还有红、黄、绿、棕、黑、白等色，颜料是以矿物质颜料加植物胶调制而成的。用于折叠凳、椅和床的蒙面料有皮革、灯芯草和亚麻绳。家具的木工技术也已达到一定的水平。当时的埃及匠师能够加工一些较完善的裁口榫接合和精制的雕刻，镶嵌技术也达到了相当熟练的程度。古埃及家具为后世的家具发展奠定了良好的基础，直接影响了后来的古希腊与古罗马家具，到了19世纪，它又再次影响了欧洲的家具，可以说，古埃及家具是欧洲家具发展的先行者和楷模，直至今天，仍对我们的家具设计、建筑设计、室内设计有着一定的借鉴和启发作用。

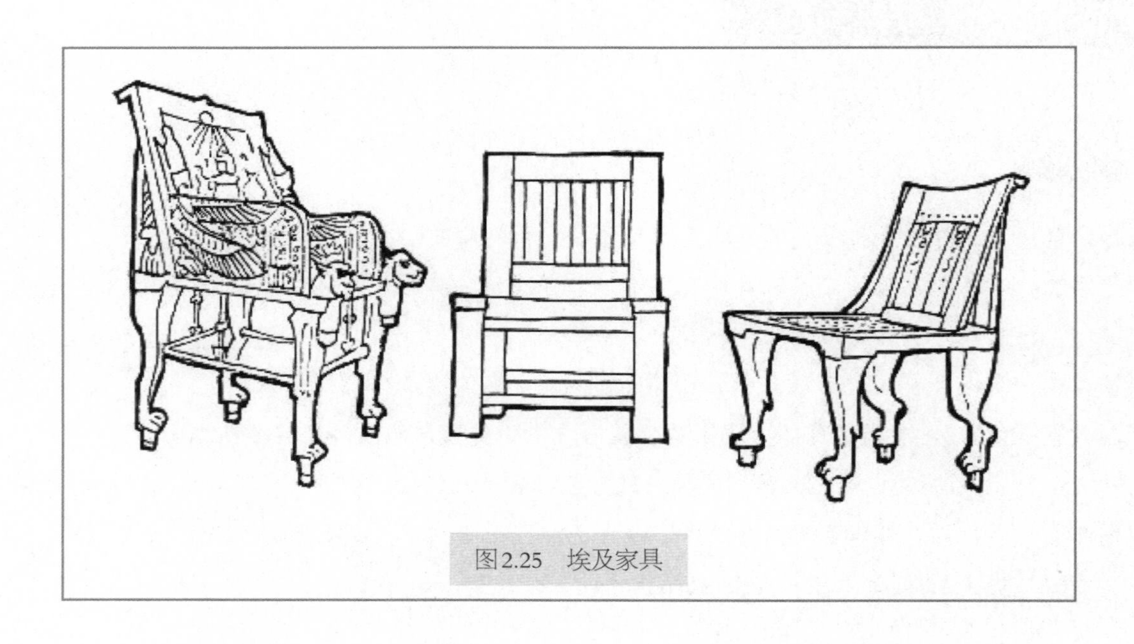

图2.25 埃及家具

二、古希腊家具

古希腊是欧洲文化的摇篮。据荷马史诗记载，从公元前8世纪起，在巴尔干半岛、小亚细亚和爱琴海的诸岛屿建立起了很多的小奴隶制国家，又向意大利西西里和黑海沿岸发展建立了许多小的域邦国家，总称为古希腊。古希腊文化的极盛时期是在公元前7世纪一公元前5世纪。根据石刻的记载已有座椅、卧榻、箱、供桌和三条腿的桌。古希腊的家具因受其建筑艺术的影响，家具的腿部常采用建筑的柱式造型，以及由轻快而优美的曲线构成椅腿和椅背，形成了古希腊家具典雅优美的艺术风格。古希腊家具常以蓝色作底色，表面彩绘忍冬草、月桂、葡萄等装饰纹样，并用象牙、玳瑁、金银等材料作镶嵌。古希腊经济繁荣，文化发达。而古希腊的艺术和建筑，更是成为欧洲的典范和基础。古希腊建筑反映着平民文化的胜利与民主的进步，从圣地建筑群和庙宇形制的演进，木建筑向石建筑的过渡和建筑柱式的演进，以雅典卫城建筑群为代表达到了古典建筑艺术的光辉灿烂的高峰。尤其值得推崇的是，古希腊人根据人体美的比例获得灵感，创造了三种经典的永恒的柱式语言：多立克式、爱奥尼式和科林斯式，成为人类建筑艺术中的精品。如图2.26所示

图2.26　希腊三种柱式——科林斯柱、爱奥尼柱、多立克柱

古希腊家具与古希腊建筑一样，由于平民化的特点，具有简洁、实用、典雅的众多优点，尤其是座椅的造型呈现优美曲线的自由活泼的趋向，更加优美舒适。如图2.27所示，家具的腿部常采用建筑的柱式造型并采用旋木技术，推进了家具艺术的发展。令人非常可惜的是繁荣的古希腊没有留下一件家具实物，我们今天只能在古希腊的故事石雕和彩陶瓶中略窥一斑。古希腊家具也是欧洲古典家具的源头之一，它体现了功能与形式的统一，线条流畅、造型轻巧，为后世人所推崇。

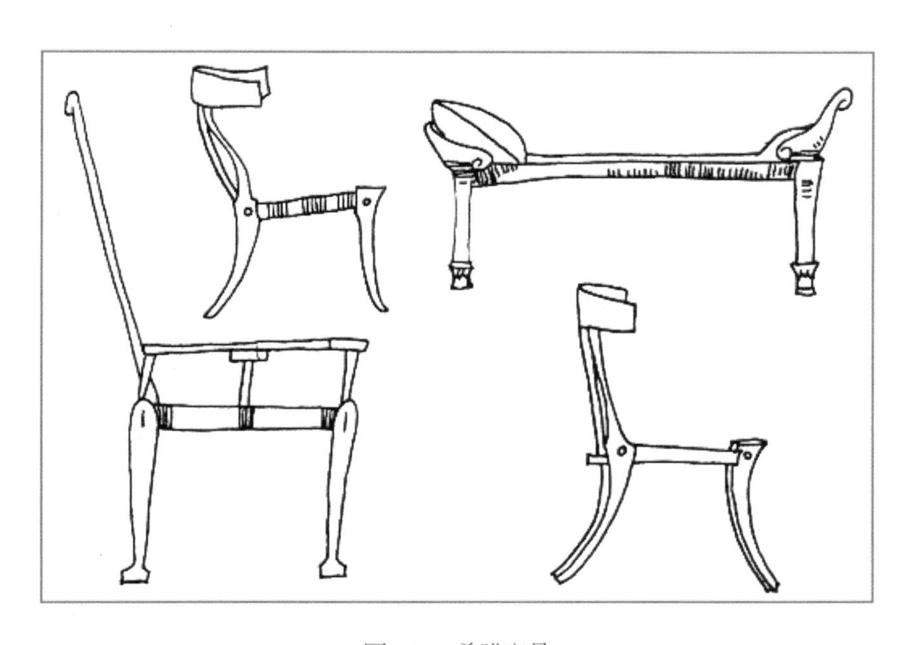

图2.27　希腊家具

三、古罗马家具

古罗马从公元前6世纪末建立了共和制，随着罗马人的不断扩张与征战，到公元前1世纪末已经从一个幅员不大的城邦国家发展成横跨欧、亚、非三洲的强大帝国，并使罗马帝国的经济、文化和艺术都得到了空前的繁荣和发展。此后，随着罗马人的不断扩张而形成了一个巩固的大罗马帝国。遗存的实物中多为青铜家具和大理石家具。古希腊晚期的建筑与家具成就由古罗马直接继承，古罗马人把它向前大大推进，达到了奴隶制时代建筑与家具艺术的巅峰。尽管在造型和装饰上受到了希腊的影响，但仍具有古罗马国的坚厚凝重的风格特征。如图2.28所示，受到了罗马建筑造型的直接影响，采用战马、雄狮和胜利花环等做装饰与雕塑题材，构成了古罗马家具的男性艺术风格。当时的家具除使用青铜和石材，木材也大量使用，在工艺上旋木细工，格角榫木框镶板结构也开始使用。桌、椅、灯台及灯具的艺术造型与雕刻、镶嵌装饰达到很高的技艺水平。如兽足形的家具立腿较埃及的更为敦实，旋木细工的特征明显体现在多次重复的深沟槽设计上，如与希腊家具相似的脚向下弯曲的小椅等。常用的纹样有雄鹰、带翼的狮、胜利女神、桂冠、忍冬草、棕榈、卷草等。

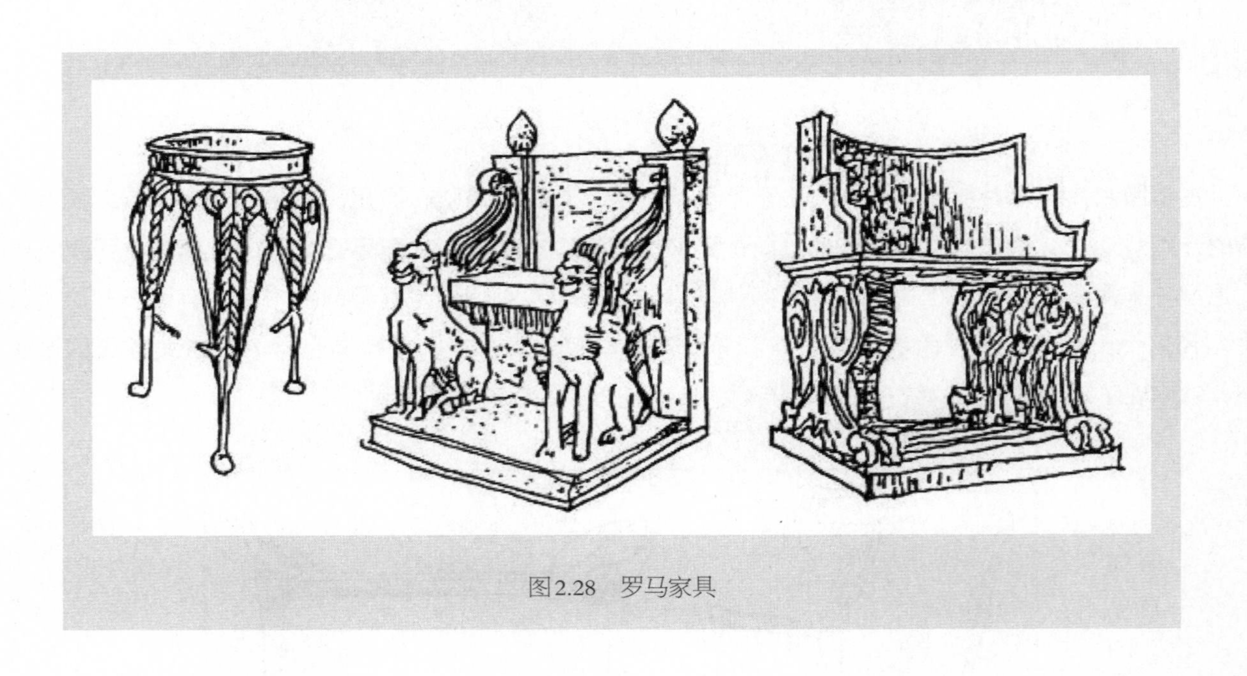

图2.28　罗马家具

四、案例分析

1. 如图2.29、图2.30所示，古埃及属于政教合一的王国，宗教信仰与王权的崇拜总是结合在一起的，把至高无上的法老奉为神灵，想象为人兽的混合体，这也是渊源于原始埃及人对动物的崇拜，当时凡动物都是埃及人的“神”，各个部落，都有其某种动物为标志的“图腾”。埃及艺术的具体表现形式也是以可以维护政权的各种“神”为主体。如图2.31所示的埃及的家具风格和造型以对称原则为基础，比例合理，外观富丽而威严，装饰手法丰富动人，常采用动物腿形做家具腿部造型，充分显示了人类征服自然的勇气和信心。

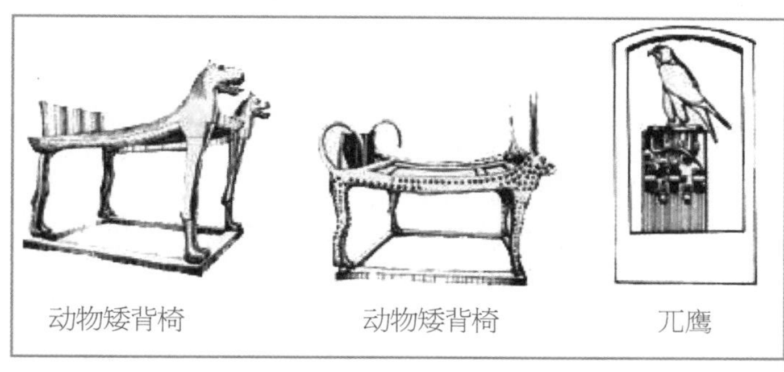

图2.29 古埃及家具中的神化动物

图2.30 动物形象的家具

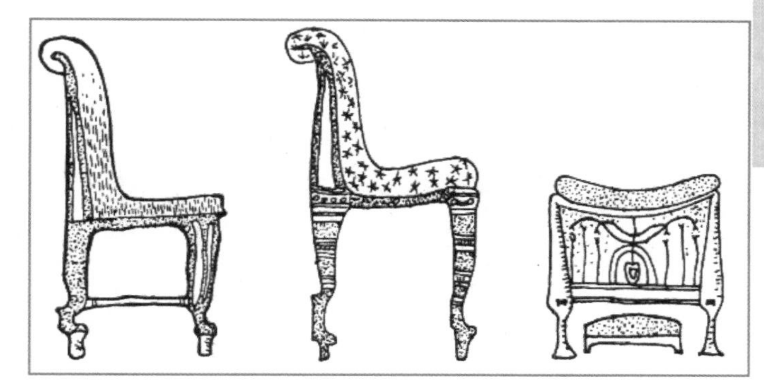

图2.31 埃及动物腿形家具

2. 如图2.32所示的吐坦哈蒙王座（公元前1361—前1352年），显示了古埃及人在家具制作方面的丰富经验和高超技术。在古埃及家具中，雕刻装饰最精致的是吐坦哈蒙黄金座椅。这件家具距今大概三千二百多年。王座椅腿为雕刻动物腿，两侧扶手为狮身，靠背上的贴金浮雕是表现主人生前生活的场景，即王后正在给坐在王座上的国王涂抹圣油。天空太阳神光芒四射，正好照在国王和王后头部。人物服饰是用彩色陶片和翠石镶成，整个场景构图严谨，表现了雕刻技术的高度精密性。由此可见，当时的工具已经有斧、锯、凿、槌、弓钻等。古埃及的贵族们，在古王国时期（约公元前2686—前2181年，包

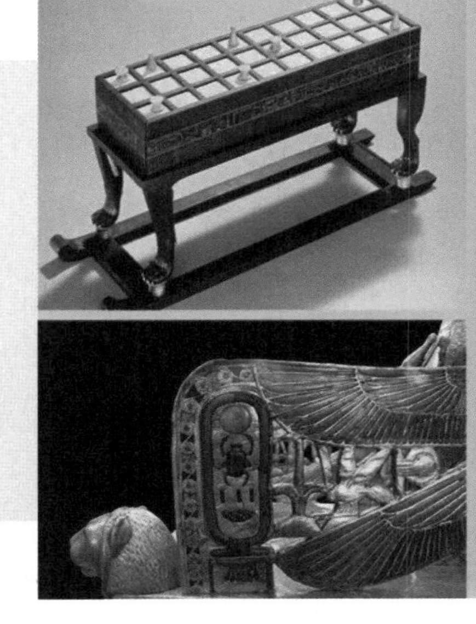

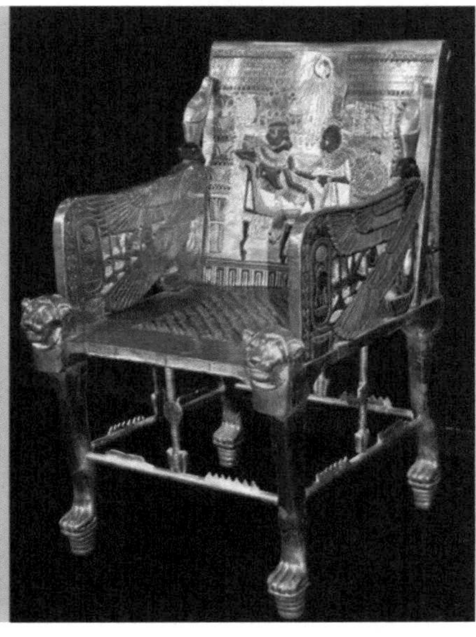

图2.32 吐坦哈蒙王座椅

括第四王朝到第六王朝）就开始使用椅子、凳子和床等家具，并在上面饰以金、银、宝石、象牙、乌木等，还做了细致的雕刻，如1925年出土的古王国时期，也就是公元前2600年第四王朝的赫特菲尔斯女王的黄金床和座椅等，无不反映埃及宫廷的家具是统治者地位的象征。在精雕细刻之后，还要涂以亮丽的色彩，贴上金箔，嵌上宝石、瓷片用以体现身份和地位。

图2.33 克里斯莫斯椅

3. 如图2.33所示的克里斯莫斯椅，在古希腊的椅子中，最原始的是妇人用椅——克里斯莫斯椅(Klismos)，它充分显示了古希腊人的聪明才智。这种椅子由适合人体背部曲线的靠背和向外弯曲的洋刀状椅腿构成，坐面用皮条编织而成，上面放置丝绸坐垫，其表面几乎看不到其他附加的装饰。这种椅子线条极其优美，且轻巧方便，从力学的角度来讲也是很科学的，它与早期的希腊家具及古埃及家具的僵直线条形成了鲜明的对比。有人推测这种椅腿有可能是加热弯曲的，因为锯制弯曲件很难达到强度上的要求。如果这种推测是正确的，那么可见当时的能工巧匠已掌握了很先进的技术。克里斯莫斯椅被后世的许多家具设计师所借鉴，例如英国的亚当就曾以此为基础设计出广为流行的餐椅。

4. 如图2.34所示，罗马人特别偏爱的是一种来自希腊的三腿桌，采用圆形桌面和动物腿形，同样也有木制、铜制、银制和大理石制。脚凳也是罗马时期必不可少的家具，其功能与古希腊的脚凳一样，配合宝座和躺椅使用。

图2.34 罗马的三角桌

五、作品欣赏

图2.35　埃及珍宝箱

图2.37　埃及国王的宝座

图2.36　埃及折凳

图2.39　罗马时期厚重的椅子

图2.38　希腊常用凳子地夫罗斯

第三节　外国现代家具

课题训练

课题内容：了解外国现代家具的发展历程与设计风格特点。

课题目的：通过本节的学习了解外国现代家具的功能与造型、材料与结构、工艺与装饰。

课题要求：掌握外国现代家具的风格演变及特征要素。

课题教学：1. 让学生归纳外国现代家具的造型与文化特性，绘图并了解其基本功能尺寸。

2. 教师对学生归纳出来的要点进行分析和重点讲授，强调时代背景下的造型与美学特征。

课题作业：学生临摹外国现代家具不同材质的六件作品，包含透视图、三视图、效果图、尺寸标注和必要的文字说明，A3版面，每一页画一张。

一、前期现代家具（1850—1914）

工业革命之初，有一批艺术家和设计师探索将新的技术、新的生产方式应用于人们的日常生活，使人们的生活更为便利、实用、经济、合理。这里具有代表性的是以英国威廉·莫里斯倡导和推动的“工艺美术运动”，其基本思想在于改革过去的装饰艺术，并以大规模的、工业化生产的廉价产品来满足人民的需要，因而它标志着家具从古典装饰走向工业设计的第一步。随着莫里斯装饰公司的开创性工作及其影响的不断扩大，10年后这一新思想便传播到了整个欧洲大陆，并导致“新艺术运动”的发生。

图2.40　莫里斯&韦伯可调椅1870—1890年

如图2.40所示，这是由威廉·莫里斯和韦伯·菲利普·斯皮克曼联手合作共同设计完成的可调椅。这款椅子可以调节靠背的角度，材料不仅应用了乌檀木、乌得勒支丝绒和羊毛织锦等材料，增强了椅子坐垫和靠垫的舒适感，四只脚上的轮子可以更方便地移动椅子，也体现了椅子设计的时代特点。

另一个具有代表性的是德国米歇尔·托奈特。他将机械生产和工艺设计结合，第一个实现了家具的工业化生产，并赢得了极大的声誉。米歇尔·托奈特发明的蒸汽弯曲模压成型新工艺技术在维也纳获得了专利，并获得了工业化生产曲木家具的专利。托奈特最有代表性的是从1859年开始生产的14号椅子（也称维也纳椅，Vienna Chair），到1930年已累计生产5000万件，目前仍在继续生产，成为传世的经典之作。米歇尔·托奈特的作品是前期现代家具的里程碑，其特点可以归纳为以下两点：一是将蒸汽熏蒸和弯曲模压定型的方法运用于家具设计中；二是家具生产采用了标准化和系列化，结构合理简便，使得家具批量化生产成为可能。所以，米歇尔·托奈特也被誉为现代家具工业化生产的先驱者。

如图2.41所示，这是由米歇尔·托奈特在1859年发明设计的维也纳14号椅。这把椅子造型结构很轻巧，却非常结实，最重要的是坐在上面非常舒服。这把椅子是手工艺和工业化生产完美的结合，具有精美的手工艺制作特点，却能够通过工业化方法批量生产，是家具设计的经典之一，现在依然被广泛使用。

图2.41　维也纳14号椅

二、两次世界大战期间的现代家具（1914—1945）

两次世界大战期间产生了许多的现代设计大师和他们设计的现代家具。经过30多年的战争，整个社会的风气和生活模式都发生了很大的变化。原来那种体量厚重、充满装饰的家具显得不再适用，人们更倾向需要体量较小、易于搬动、节省材料、造型新颖、功能多样的新式家具。

另外，举世闻名的包豪斯学院的建立，开创了影响巨大的“包豪斯运动”。包豪斯的宗旨是以探求工业技术和艺术的结合为理想目标，创造了一整套新的“以新技术来经济地解决新功能”的教学和设计方法，注重功能和转向工业化生产，并致力于形式、材料和工艺技术的统一。包豪斯是现代设计运动的摇篮，不仅在设计理论上为现代设计思想奠定了基础，同时在实践运动中诞生了诸如里特维尔德、布鲁尔、密斯·凡·德·罗、勒·柯布西埃、阿尔托等大批具有现代设计思想的著名设计师，并设计制作了大量的经典现代家具作品。

1. 里特维尔德和“红蓝椅”

1917年在荷兰的莱顿组成的一个由艺术家、建筑师和设计师为主要成员的集团，将画家蒙德里安和万杜埃士堡在绘画中创造的具有清新、自由的风格、空间几何构图应用于建筑、室内和家具设计中，并以集团的创始人万杜埃士堡主编的美术理论期刊《风格》作为自己学派的名称。“风格派”接受了立体主义的新论点，主张采用纯净的立方体、几何形及垂直成水平的面来塑造形象，色彩则选用红、黄、蓝等几种原色。1918年里特维尔德加入这一运动，并设计了其代表作“红蓝椅”。

图2.42 红蓝椅

图2.43 瓦西里椅

如图2.42所示，这是里特维尔德设计的红蓝椅。里特维尔德是荷兰著名的建筑与工业设计大师，他非常偏爱单纯的线条、颜色，以便大量制造，这种简洁的设计概念深刻地影响了日后的设计界。红蓝椅是荷兰风格派最著名的代表作之一，在1917—1918年设计，当时没有着色，着色的版本要到1923年。这把椅子整体都是木结构。13根木条相互垂直，组成椅子的空间结构，各结构间用螺丝紧固而非传统的榫接方式，以防有损于结构。这把椅子最初被涂以灰、黑色。后来，里特维尔德通过使用单纯明亮的色彩来强化结构，使其完全不加掩饰，重新涂上原色。这样就产生了红色的靠背和蓝色的坐垫。

2. 布鲁尔和“瓦西里椅”

布鲁尔1902年生于匈牙利，1981年逝世。布鲁尔是包豪斯学院的成员，他于1902年进入在魏玛的包豪斯学习工业设计和室内设计。布鲁尔毕业后留任，并成了学院家具车间的主任。格罗比乌斯院长指定他为学院设计家具，在1925年，年仅23岁的布鲁尔就设计了他的第一把用钢管制作的“瓦西里椅”。

如图2.43所示，这是布鲁尔设计的“瓦西里椅”，设计灵感来源于自行车的把手，因为该家具是为康定斯基·瓦西里的住宅而设计，故起名为“瓦西里椅”。椅子的构架为镀镍钢管，座面采用了绷紧的织物绷带。其造像是受到了“立体派”的影响，交叉的结构是受到了“风格派”影响。整把椅子设计简洁，所用的材料可以标准化生产，并可以拆卸互换。

3. 密斯·凡·德·罗和“巴塞罗那椅”

密斯·凡·德·罗是杰出的建筑设计师，1908年在贝仑斯事务所工作时遇到了格罗比乌斯和勒·柯布西埃，并担任设计师的工作。密斯深受贝伦斯的影响，提出了“少即是多”的设计名言。1926年他被任命为德意志制造联盟副理事，同年设计了悬挑式钢管椅。1929年他受邀设计巴塞罗那博览会中的德国馆，并为该馆设计了著名的“巴塞罗那椅”。

如图2.44所示，这是密斯·凡·德·罗设计的“巴塞罗那椅”。“巴塞罗那椅”原本是为欢迎西班牙国王和王后而设计的。椅子由成弧形交叉状的不锈钢构架支撑真皮皮垫，非常优美而且功能化。两块长方形皮垫组成坐面及靠背。椅子当时是全手工磨制，外形美观，功能实用。巴塞罗那椅的设计在当时引起轰动，地位类似于现在的概念产品。

图2.44　巴塞罗那椅

4. 勒·柯布西埃和“柯布西埃”躺椅

勒·柯布西埃是20世纪最多才的大师，从建筑设计、规划设计，再到家具设计、现代绘画、雕塑都有涉猎。柯布西埃为了装备他自己设计的建筑室，与帕瑞安一起设计了一系列家具，而且他的家具设计受到当时“机器美学”的影响。柯布西埃对于机器的颂扬在理论上的反映就是“机器美学”。机器美学追求机器造型中的简洁、秩序和几何形式以及机器本身所体现出来的理性和逻辑性，以产生一种标准化的、纯的模式。其视觉表现一般是以简单立方体及其变化为基础的，强调直线、空间、比例、体积等要素，并抛弃一切附加的装饰。

如图2.45所示，“柯布西埃”躺椅的设计灵感来源于原始的弓形不锈钢的弯曲形，而且椅子一共由脚架和椅身上下两部分组成，可以随时调整坐躺的角度。是躺椅的代表作，人可以躺在上面看书或者睡觉，看书的时候可以调高头部，看书累了，可以调平角度躺在上面小憩，如去掉基础构架，则上部躺椅部分甚至可当作摇椅使用。在材料应用方面，椅子外表是用高级真皮垫，里面是用高弹海绵进行填充。加上高级尼龙带的支撑让柯布西埃设计的躺椅更有弹性。高级的不锈钢管做椅身，弯曲的不锈钢管显现出此椅的线条美，再加上镜面抛光处理更加展现出椅子的华丽。支撑架是用金属黑色烤漆钢架及橡胶轴连接杆组成，使柯布西埃设计的躺椅更加牢固。

5. **阿尔托和“帕米奥椅”**

20世纪30年代斯堪的纳维亚的设计的出现引起了全世界的关注——从默默无闻到誉满全球。阿尔托便是这个时期芬兰设计界的代表人物之一。北欧四国在19世纪初享受了长时期的和平生活，都具有一种共同的生活方式，一方面有农民传统，另一方面又有中产阶级文化作为基础。家具敦实而舒适。由于北欧地处亚寒带地区，对住宅以及室内用品极为重视。北欧森林覆盖率高达60%～70%。世代相传的手工艺技术，较高的审美水准，设计师、工匠以及家具公司的紧密合作，整体效果与局部细节同样被重视，产生了风靡全球的北欧设计风格。因此，阿尔托的设计受北欧学派的影响，非常重视人情味和对木材的革新应用。

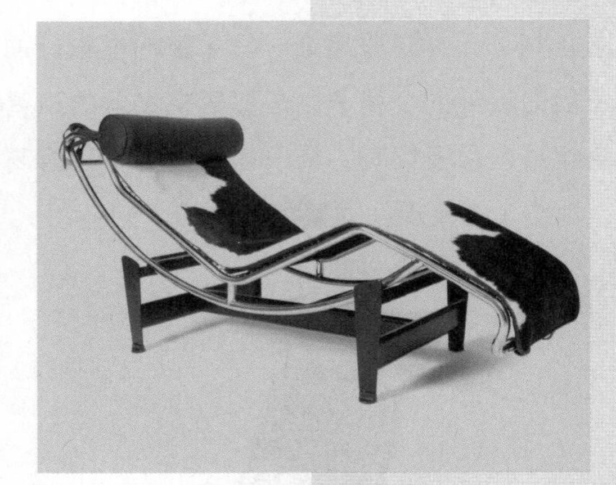
图2.45 『柯布西埃』躺椅

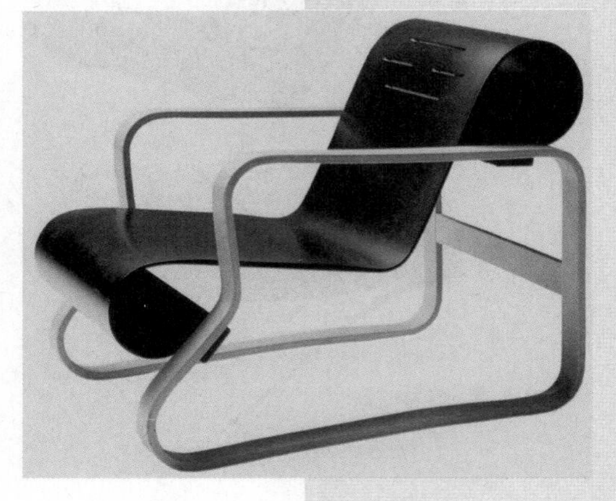
图2.46 帕米奥椅

如图2.46所示，“帕米奥”椅是阿尔托的第一件重要的家具，这把椅子是为帕米奥疗养院特别设计制作的。使用的材料是阿尔托经过三年实验后创造的层压胶合板，其整体造型优美，而且轻便实用。

三、第二次世界大战后的现代家具（1945—）

1945年二次大战结束之后，很多国家都在重建家园的过程中，现代家具设计的发展和全世界经济的发展一样进入了一个崭新的时代。到了20世纪50年代，已初步形成完整的现代家具体系，这一时期是以美国、北欧和意大利为代表。随着科学技术的进步，尤其是塑料和有机化学工业的迅速发展，在新材料的发掘和新工艺的应用方面，现代家具出现了革命性的突破，并形成了60年代的塑料年代、70年代的技术设计风格、80年代的后现代主义；进入90年代，随着信息技术的迅速普及，高新技术全面导入家具行业更为家具业带来了蓬勃发展前所未有的大好机遇。

1. **伊姆斯和“DKR椅”**

“二战”期间，大批优秀的欧洲建筑师和设计师为了躲避战乱纷纷来到美国，这无疑对美国的现代设计是一个重大的促进，包豪斯的现代设计思想的火花，在美国形成了燎原之势，这对于推动美国现代家具发展，使美国家具走向世界都起到了巨大的作用。查尔斯·伊姆斯就是二次大战后美国的一位天才设计师，他精通建筑设计、家具设计、平面设计、电影制作、摄影和教育，多才多艺，充满创造力和灵感，1940年与小沙里宁合作，创造了三维成型模压壳体椅，一举夺得1940年纽约现代艺术博物馆主办的“有机家具设计大赛”的一等奖。此后他又设计了层压椅、钢丝椅、DKR壳体椅、金属脚椅等一系列家具，将一流的设计观念运用到材料、技术和创新的造型之中。

如图2.47所示，“DKR椅”是伊姆斯在1951年设计的。在这把椅子中，伊姆斯放弃了人体形状的创意，运用焊接金属线复制了S形外壳的形状。事实证明金属丝轻巧透明，同时又具有高度的弹性，这项技术的应用被授予了专利。

图2.47　DKR椅

图2.48　胎椅

2. 埃罗·沙里宁和“胎椅”

埃罗·沙里宁又称小沙里宁，是20世纪著名的建筑师，又是极有影响的家具设计师之一。小沙里宁的父亲是芬兰的著名建筑师，为克兰布鲁克艺术学院创始人。小沙里宁和伊姆斯的合作是小沙里宁的家具设计的第一阶段，并在1941年获得大奖。随后他又完成了他的系列柱脚椅设计，将椅脚与坐面形成统一而完美的整体造型。他能出色地完成从大型建筑到细致精巧的家具的各种设计工作，永远保持一种创造的思维，注重新材料新工艺的运用，而这些都被他称之为“新时代的新精神”。

如图2.48所示，“胎椅”是小沙里宁的一件传世之作。小沙里宁不满意当时期设计的椅子主体与腿脚部分的分离状态，于是在1946年设计出了这把“胎椅”。“胎椅”被誉为一件真正的有机设计，这把椅子可以容许人们采用几种不同的坐姿而不是僵化的单一坐姿。松软的座位和靠背垫子使得椅子达到期望的舒适度。

3. 雅克比松和“蛋形椅”

二战后，现代家具发展迅速，北欧四国的家具异军突起，从默默无闻变得誉满全球，形成现代家具的“北欧学派”，“北欧学派”也成为这一时期家具设计的主要力量之一。像雅克比松、瓦格纳、马松等设计大师都是“北欧学派”的代表人物。

雅克比松1927年毕业于哥本哈根皇家美术学院。他擅长采用现代新型材料来制作家具，其设计著名的“蚁椅”就是采用了层压胶合板技术。“蚁椅”是一件完全用工业化方式批量生产的家具，且它只有两个部分，结构简单。“蚁椅”正是因为其轻便、前卫、经济，使之成为20世纪最畅销的椅子之一。另外，雅克比松还设计了其代表作：蛋形椅和天鹅椅，并让雅克比松大获成功，成为使丹麦家具走向世界的国际式家具设计大师。

如图2.49所示，“蛋形椅”是雅克比松为北欧航空公

图2.49　蛋形椅

司的哥本哈根皇家宾馆特别设计，其中还有一件“天鹅椅”。“蛋形椅”都是采用了当时新发明的化学合成材料——发泡聚苯乙烯，这种材料可以制成海绵泡沫状并进行延展，从而达到设计师所需要的形态。

4. 汉斯·瓦格纳和“中国椅”

汉斯·瓦格纳是享誉世界的丹麦家具设计大师，一生创作了超过500多件椅类作品，制作超过2500个家具图样和近千幅家具草图，缔造众多经典，被称为“椅子大师”。瓦格纳17岁学木工，之后进入工艺美校，然后留校任教，1948年自办工厂，成为独立家具设计师。瓦格纳动手能力与设计能力同样不俗，材料运用、加工手段、结构造型方面堪称一流高手。他的作品专注于在追求人体最舒适的基础上挖掘材料的最大潜能，线条洗练、结构简洁，让人感觉极为亲切。瓦格纳擅长从中国明清古典家具中吸取灵感，并对其改造，进而形成自己的设计构思，设计出享有盛誉的“中国椅”系列。

图2.50 中国椅

如图2.50所示，“中国椅”是瓦格纳的成名作，它是瓦格纳在丹麦工艺博物馆见到中国明式圈椅后得到的灵感，并以明式圈椅作为蓝本，进行简化设计而成。可以看出，它似乎就是明式圈椅的简化版，半圆形椅背与扶手相连，靠背板贴合人体背部曲线，腿足部分由四根管脚枨互相牵制。唯一明显的不同是下半部分，没有了中国圈椅的鼓腿膨牙、踏脚枨等部件，符合瓦格纳一贯追求的简约自然风格。

5. 布鲁诺·马松和“Eva扶手椅”

布鲁诺·马松是瑞典家具设计大师。马松出生于瑞典小城瓦那穆的一个木匠世家，从小就在父亲的家具作坊当家徒，并在以后整个一生中都在那里工作。1930年由瑞典建筑师阿斯帕隆设计的斯德哥尔摩博览会馆将瑞典的现代设计引向一个高潮，而当时正是传统保守主义与现代主义激烈斗争的时刻。正是在这种大环境下，年轻的马松以他对新潮现代设计风格的热情开始以现代设计观念进行他的家具设计，有趣的是，马松从最初推出的弯曲木椅开始，以后几十年间均沿着同一条思路发展，但直到今天仍充满时代气息。1936年歌德堡设计博物馆展出马松的设计系列，这批弯曲板条休闲椅立刻引起广泛注意，因为这是一种前所未有的造型。马松的设计明确宣告一种有机设计的诞生，虽然早些时候芬兰设计大师阿尔托也推出一批列为成功和轰动的有机设计，两人的具体构造手法却全然不同，这本身就是一个非常有趣而值得的研究的课题。

图2.51 Eva椅

四、案例分析

如图2.51所示，“Eva椅”是马松于1933年设计推出的第一件弯曲胶合板及编结皮革条为构件的休闲椅，其中坐面与靠背融合成一条连续的曲线。这款椅子设计的最引人注目之处就是简单而优美的结构所形成的一种轻巧感，而材料的选择也构成独特的气质。马松是现代家具设计中最早研究人体工程学的先驱者之一，“Eva 椅”的造型实际上都是随人体形状而来的。

图2.52 潘东椅

如图 2.52 所示，“潘东椅”是由丹麦设计师维纳·潘东设计。潘东是位多才的设计师，其横跨了家具设计、室内设计、灯具设计等多个领域。他还是一位色彩大师，他发展的所谓平行色彩理论，为他创造性地利用新材料中丰富的色彩打下了基础。从20世纪50年代末起，潘东就开始了对玻璃纤维增强塑料和化纤等新材料的试验研究。60年代，他与美国米勒公司合作进行整体成型玻璃纤维增强塑料椅的研制工作，最终设计出“潘东椅”这世界上第一张一次成型的S形单体悬臂椅，它开创了一个时代。“潘东椅”是用单种材料一次模压成型的椅子，其婀娜的S形具有强烈的雕塑感，色彩也十分艳丽，几十年来一直是时尚、前卫的设计象征，至今仍享有盛誉，被世界许多博物馆收藏。

图2.53 球椅

如图2.53所示，“球椅”是由芬兰著名设计师艾洛·阿尼奥设计。阿尼奥是当代最著名的设计师之一，奠定了20世纪60年代以来芬兰在国际设计领域的领导地位。他丰富多彩的事业人生为人们创造了许多享誉世界的设计作品。从1960年以来，阿尼奥开始使用塑料进行实验，并作出了一个重要的选择，告别了由支腿、靠背和节点构成的传统家具设计形式。与自然纹理木材相反，他用鲜明的、化学染色的人造材料使人们得到了很大的乐趣。阿尼奥的令人兴奋的塑料创意设计，都具有其浓厚的浪漫主义色彩和强烈的个人风格。阿尼奥用合成材料反复试制他的新型设计，终于在1963—1965年设计出“球椅”，轰动了科隆国际家具设计大赛。“球椅”是从圆形的球状体中挖出一部分使它变平，可以形成一个独立的单元座椅和形成一个围合空间。这种椅子以各种颜色的玻璃钢外壳配以泡沫垫子，看似航天舱的座椅，外观给人强烈的印象。阿尼奥“球椅”设计上完全抓住了那个时代最动人心弦的精神，从而使他的作品中不仅是“球椅”，像“香皂椅”“泡沫椅”都成了一种时代的象征。

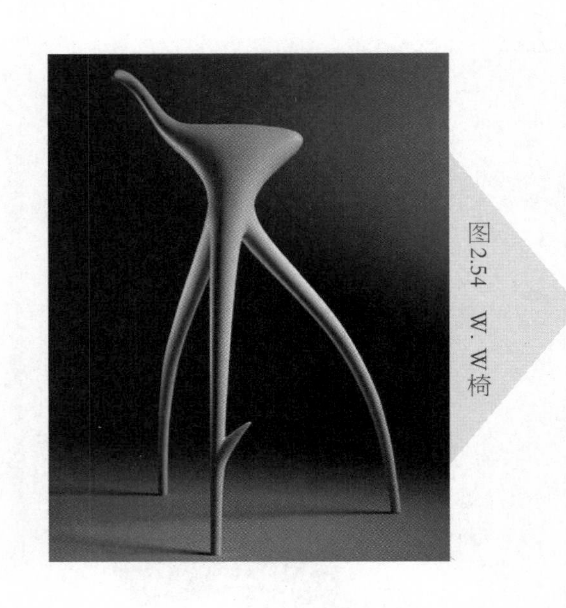
图2.54 W. W椅

如图2.54所示，“W. W椅”是由法国天才设计师菲利普·斯塔克设计完成。1965年，不满16岁的斯塔克在法国LaVilette家居设计竞赛中获得第一名，19岁就创立以其名字命名的公司。斯塔克于1980年接受了密特朗总统的爱丽舍宫的改建工程，并于1984年完成巴黎Costes餐厅的室内设计，这两项设计为其带来了全球性声誉。他涉猎甚广，从小型产品、服装、家具到室内设计、建筑设计，都能赋予其有力的雕塑感与揶揄式的视觉戏剧效果。菲利普·斯塔克倡导民主设计、极简设计理念，并有两句名言：“我沉迷于改进设计品质，降低价格，使每个人都能轻松获得我的作品。”“物质越少，人性越多。”

“W. W椅”是菲利普·斯塔克1990年向德国电影导演Wim Wenders致敬的产物，用拟人的设计元素表现了植物向上生长的雕刻形象。简单的椅子，充满魅力的弧线，甚至带些隐秘的邀请，就像一株铝制的植物静静地生长着，体现了菲利普·斯塔克设计风格的强烈的现代感和让人有些惊惶的设计。

五、本节作品欣赏

图2.55 Z形椅，里特维尔德

图2.56 拉西奥茶几——布鲁尔

图2.57 中国椅系列，瓦格纳

图2.58 孔雀椅，瓦格纳

图2.59　公牛椅，瓦格纳

图2.63 “S”椅，迪克森

图2.60　Lounge椅，伊姆斯

图2.64　“空”椅，菲利普·斯塔克

图2.61　Cardboard沙发，弗兰克·盖里

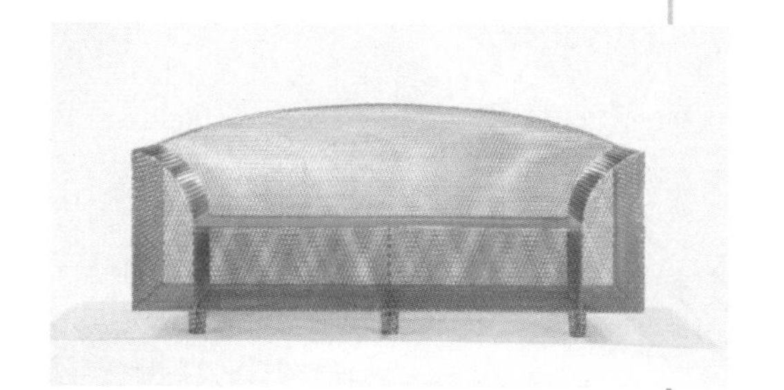

图2.65　月亮有多高，仓俣史朗

图2.62　UP系列座椅，派西

图2.66　布兰奇女士椅，仓俣史朗

本章思考与练习

1. 为什么说明代是我国家具史上最辉煌的时期，明代家具的风格和价值有怎样的意义？
2. 希腊的三种柱式对希腊的家具有哪些影响？
3. 外国现代家具设计之父是谁，他的设计风格及代表作品是什么样的？

第三章　家具设计与人体工程学

◆ **学习要点及目标**

1. 了解人类作息原理。
2. 掌握坐卧类家具、凭倚类家具、储物类家具的功能设计要求。
3. 掌握家具设计图的组成部分及绘制要求。

◆ **核心概念**

人类作息原理；坐卧类家具；凭倚类家具；储藏类家具；家具设计图

引导案例

如图3.1所示，明代拔步床，也可称为八步床，其独特之处是在传统架子床外进行了功能延展，形成了一间类似“小木屋”的空间。从造型上看，拔步床是在封闭式的木制平台上设计了一张被合围的床榻，该平台亦可称“地平”，地平比床的前沿长二三尺左右，四角立有木柱和栏围，甚至可以在围栏上安装小窗户，这样，床榻前便形成一个小回廊，供人进出，跨步进回廊好似入室，回廊上安放合适的脚踏，头侧可以放置桌凳或者梳妆台，尾侧放马桶。拔步床形体较大，床前有较独立的活动空间。因此，在室内又构建了一个私密的小房子，过去室内没有卫生间，夜里不出床便可使用到马桶，清早不出床就能梳洗更衣。因此，这种床的设计在当时来说十分人性化，符合人的

图3.1　明代拔步床

生理机能。但是，纵观整个家具发展史，这种类似拔步床的家具造型与人体机能的适应性设计多是依靠设计者的直觉以及经验来完成，并未对功能和应用情境迥异的家具进行科学、严谨的定性分析，也就没有客观的设计依据。无论是欧洲的贵族还是中国的皇家，尽管其所使用的家具装饰烦琐、工艺精巧，但在使用过程中，都存在不舒适的现象，甚至有的设计与人体机能完全不匹配。工业革命带来了现代主义设计，其重要因素便是要“以人为本”进行设计创新，力求达到产品与人的和谐统一，开创新的生活方式。因此，在设计中研究家具的人机工程十分重要。

第一节　人类作息原理

如图3.2所示，会呼吸的椅子在外形设计上像个方正的白豆腐，椅子的材质是采取热可塑高密度泡绵，百分百环保材质；泡绵上不同大小的挖洞设计“暗藏玄机”，经过专业的结构空间计算，让三层式组合包覆而成的豆腐椅，随着坐者的体重、坐姿自动调整，可以为不同的骨骼和肌肉形态提供良好的支撑，从而准确地满足每一个使用者坐卧的舒适。设计者吴郁莹描述，尤其对于膝盖不太好的使用者，坐下时椅子能代替膝盖施力缓冲；站起来时，椅子的弹性能支撑身体；坐下去时，原本立方体的两侧，会自然变成扶手，就像舒适的沙发一样。椅子上的挖孔设计，灵感是来自植物的细胞图，孔与孔交叠出的美感，随着坐姿改变，让使用者感觉到有生命力在呼吸。可以看出，家具已不再只是单纯地满足消费者的实用性需求，设计师应依靠科学的分析与研究，构建家具与人体心理、生理机能之间的相互关系。因此，亟须充分研究人类作息原理，即人体的构造及构成人体活动的主要组织系统，方能科学严谨地进行家具的系统化设计。众所周知，人体是由骨骼系统、肌肉系统、消化系统、血液循环系统、呼吸系统、泌尿系统、内分泌系统、神经系统、感觉系统等组成。系统间紧密配合并相互制约、共同作用，实现了人的正常作息，完成日常生活和生产实践。其中，与家具设计密不可分的系统有骨骼系统、肌肉系统、感觉系统和神经系统，探究这些系统的工作方式，也就掌握了人的作息原理。

图3.2　会呼吸的椅子

第一，骨骼系统。作为人体基本的支架，骨骼在家具设计中起到了衡量人体比例和尺度的重要作用。从生理学上看，各骨骼间通过关节，不同形态和类型的关节帮助人体完成基本的肢体活动，如屈伸、回旋等，再由这些局部的关节动作支撑人类形成各种日常生活和生产实践所需要的姿态。家具要适应骨骼的生理结构才能承托人体完成相关活动。因此，必须研究人体各种姿态下的骨关节运动与家具的关系。

第二，肌肉系统。骨与肉间的收缩和舒展形成和控制着骨骼、关节的运动。当人体长期处于某种姿态不变的状况下，肌肉则会因这种紧张的状态而容易产生疲劳，所以，人体一段时间后需更换活动姿态，让各部分肌肉的收缩能够得到休息；此外，肌肉活动所需的营养是依靠血液循环来实现的，倘若血液循环受外力挤压而被阻断，那么肌肉的活动便会产生障碍。因此，在家具设计中，尤其是坐卧类家具，要研究家具与人体肌肉承压面的关系。

第三，神经系统。神经系统支配着人体各器官及系统的活动，这种支配是依托神经体液的调节而形成的。神经系统的主要构成部分是脑和脊髓，它和人体的各个部分发生紧密的联系，以反射为基本活动的方式，调节人体的各种活动。

第四，感觉系统。感觉系统是激发神经系统支配人体活动的机构。具体而言，人必须依靠视觉、听觉、触觉、嗅觉、味觉等感觉系统所接收外界的各类信息，并通过刺激传达到大脑，然后由大脑发出指令，由神经系统传递到肌肉系统，产生反射式的行为活动，如人在睡眠状态下，如仰卧时间过久，肌肉受到较大压力后便通过触觉传递信息，进而使得人体能够做出反射性的行为活动，即翻身形成侧卧姿势，以缓解肌肉受到的压迫。

第二节　坐卧类家具功能设计

课题训练

课题内容： 坐卧类家具功能设计

课题目的： 1. 通过本节的学习了解坐卧类家具功能设计对于缓解人类疲劳的意义。
2. 掌握坐卧类家具设计的人机学要点和方法。

课题要求： 掌握坐卧类家具功能设计的基本人机尺寸设计要求

课题教学： 1. 让学生归纳自己身边的坐卧类家具，拍照并测量其基本功能尺寸，在生活中寻找人机学设计问题。
2. 教师对学生所归纳的坐卧类家具设计问题进行分析和点评。
3. 教师通过Marea Lounge躺椅、BABYBJORN High Chair宝宝餐椅等设计案例的分析，向学生强调坐卧类家具的人机学设计要点。

课题作业： 绘制一把符合人机工程学要求的办公椅，包含三视图、效果图和必要的文字说明，A3版面。

一、案例解析

按照人们日常生活的行为，人体动作姿态可以归纳为从立姿到卧姿的不同势态，其中坐与卧是人们日常生活中占有的最多动作姿态，如工作、学习、用餐、休息等都是在坐卧状态下进行的，因此坐卧性家具与人体生理机能关系的研究就显得特别重要。坐卧性家具的基本功能是满足人们坐得舒服、睡得安宁、减少疲劳和提高工作效率。这四个基本功能要求中，最关键的是减少疲劳，如果在家具设计中，通过对人体的尺度、骨骼和肌肉关系的研究，使设计的家具在支承人体动作时，将人体的疲劳度降到最低状态，也就能得到最舒服的最安宁的感觉，同时也可保持最高的工作效率。

虽然形成疲劳的原因是一个很复杂的问题，但主要是来自肌肉和韧带的收缩运动。肌肉和韧带处于长时间的收缩状态时，人体就需要给这部分肌肉持续供给养料，如供养不足，人体的部分机体就会感到疲劳。因此在设计坐卧性家具时，就必须考虑人体生理特点，使骨骼、肌肉结构保持合理状态，血液循环与神经组织不过分受压，尽量设法减少和消除产生疲劳的各种条件。

如图3.3所示扶手椅，整体尺寸适中，结构件却比较纤细，转弯弧度略大。搭脑正中间形成一定的坡度，向两旁略下垂，到末端时又向微微上翘。靠背板高而且薄，自下端起略前倾，中间段向后较大幅度弯曲，到上端又向前倾，最终连接搭脑。从造型上看，椅子的侧面仿佛与人体自臀部至颈项一段的曲线相贴合，能够提供较好的支撑。同时，椅子后腿在椅盘以上的延伸部分，完全随着靠背板弯曲。扶手则自与后腿相交处起，渐向外弯，借以加大座位的空间，至外端向内收后又向外撇，以便就座或站立。联邦棍先向外弯，然后内敛，与扶手相接，用意仍在加大座位空间。前腿在椅盘以上的延伸部分曰“鹅脖”，先向前弯，又复后收，与扶手相接。以上几个构件充分考虑了人使用的舒适性，构成了符合人机工程学要求的扶手椅。

图3.3　明式扶手椅

如图3.4所示Marea Lounge躺椅，是由Jules Sturgess设计制造的，就造型而言，它简约的造型容易让用户联想到手机或者平板电脑的支架，但也提供了稳定的视觉感受。Marea Lounge躺椅只有4毫米厚，采用新型坚固的碳纤维材质，足够支撑起人体的重量，这是传统家具材料所不能比拟的。Marea Lounge躺椅由两部分组成，靠着下部的一个钛金属螺栓固定，使用时椅子的平面有些许的弹性变形以更贴合人体曲线。

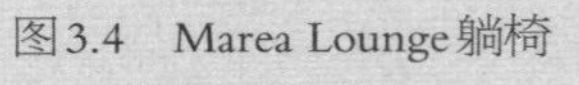

图3.4　Marea Lounge躺椅

二、参考案例

图3.5　Y Chair

如图3.5所示Y Chair椅子设计，其的灵感就来自明式家具，不过轻盈而优美的外形，去繁就简，使Y Chair比明式家具来得更直接，Y Chair的名字则来自于其椅背的Y字形设计，为提供柔软支撑而添加了天然纸纤坐垫，造型优美的线条提供了适合的靠背、坐深，实现了意象上的抽象美与功能上的人机结合。Y Chair通过合理的人机分析帮助使用者构建了一种亲切感。可以看出，Hans J. Wegner的椅子设计，结构科学，充分阐发材料个性，造型完美、细节完善、亲切舒适、安静简朴，一改国际主义的机械冷漠，简约的线条保留了北欧特有的味道，同时也拥有明式家具所特有的历史韵味。

如图3.6所示BABYBJORN High Chair宝宝餐椅，大多数高脚椅都无法让小宝宝舒适安坐，因此，设计师设计了BABYBJORN High Chair宝宝餐椅，它带有弧形靠背，可完美贴合宝宝的身体，可调节折叠桌有助于舒适地坐直．宝宝餐椅适合6个月到3岁的宝宝使用，可根据宝宝的成长轻松调整，安全台面可让宝宝稳固地坐在餐椅上，确保正确坐姿，并且由一个双步锁锁定光滑表面和可拆卸托盘使宝宝餐椅便于清洁，易于折叠。折叠后，只有25厘米宽，易于收纳。

图3.6　BABYBJORN High Chair

如图3.7所示为来自乌克兰设计工作室ODESD2推出的一把名为“V1”的椅子，充分考虑了人的心理特点，设计对象为忙碌的工作一族或需要具有一定私密性坐卧空间的使用者。其特点在于，它可以在任何空间内为使用者带来一片暂时的隐秘之地。V1的外部选择了耐用又轻巧的铝合金材质制成，内部则运用了毛毡材料，搭配以雪尼尔抱枕与靠垫。整个椅背像是将使用者环抱起来似的，给予其专注思考与感受的个人空间。不管你是想专注于工作还是只是想静静地放松一下，V1都是一把能够给予用户安全与私密感的椅子，让使用者得到身心休息。

图3.7　The V1 chair by ODESD2

如图3.8所示由永艺PICASSO生产的人机工学椅，主体采用了三维立体弯管技术，一体成型，形成稳定支撑，可升降旋转。与人体的接触面使用了网布材质，易于散热。关键的椅背贴合人体曲线，提供正确的依靠，可有效缓解久坐导致的不适。另外，采用了加厚里料坐垫，富有弹性，产生适合的包裹感，缓解使用者臀部的压迫感。

图3.8　永艺PICASSO电脑椅

三、知识链接

1. 坐高

坐高是指坐具的坐面与地面的垂直距离，椅子的坐高由于椅坐面常向后倾斜，通常以前坐面高作为椅子的坐高。坐高是影响坐姿舒适程度的重要因素之一，坐面高度不合理会导致不正确的坐姿，并且坐的时间稍久，就会使人体腰部产生疲劳感。如图3.9所示，对人体坐在不同高度的凳子上进行腰椎活动度的测定，可以看出坐高为400mm时，腰椎的活动度最高，即疲劳感最强，其他高度的凳子，其人体腰椎的活动度下降，随之舒适度增大。

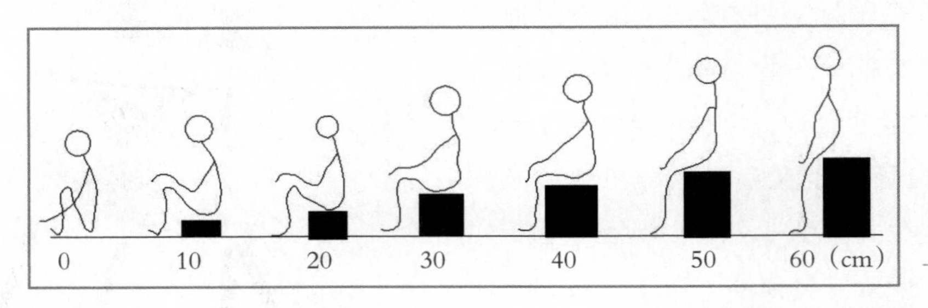

图3.9　坐高对人体舒适度的影响

2. **坐深**

主要是指坐面的前沿至后沿的距离。坐深的深度对人体坐姿的舒适影响也很大。如图3.10所示，当坐面过深，超过大腿水平长度，人体挨上靠背将有很大的倾斜度，而腰部缺乏支撑点而悬空，加剧了腰部的肌肉活动强度而致使疲劳产生；同时坐面过深，使膝窝处产生麻木的反应，并且也难以走立。

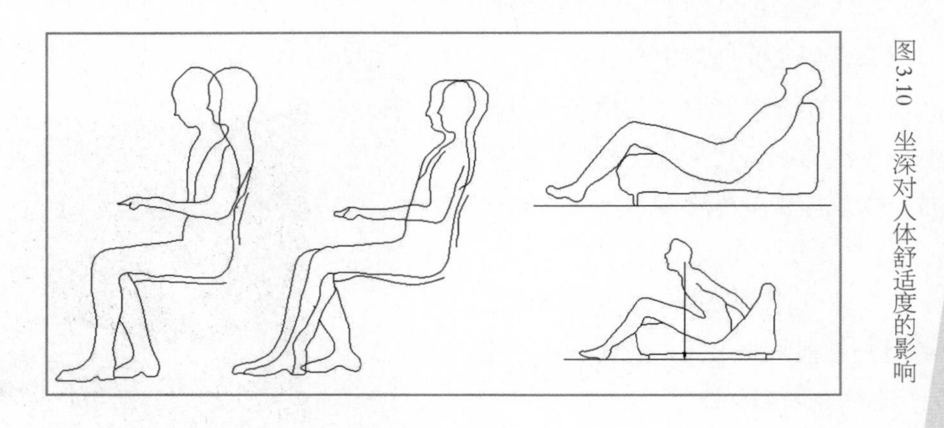

图3.10　坐深对人体舒适度的影响

3. **坐宽**

考虑到人的坐姿及动作特性，坐面宽度通常为前宽后窄的形态。其中，前沿宽度称坐前宽，后沿宽度称坐后宽。坐宽设计应在为使用者的臀部提供全部支承的同时保留适当的活动余地，方便人体坐姿的调整变换。根据人机尺寸要求，一般坐宽不小于380mm，而对于有扶手的靠椅来说，则需考虑人体手臂的扶靠，以扶手的内宽来作为坐宽的尺寸，按人体平均肩宽尺寸加一适当的余量，一般不小于460mm，但也不宜过宽，以自然垂臂的舒适姿态肩宽为准。(图3.11)

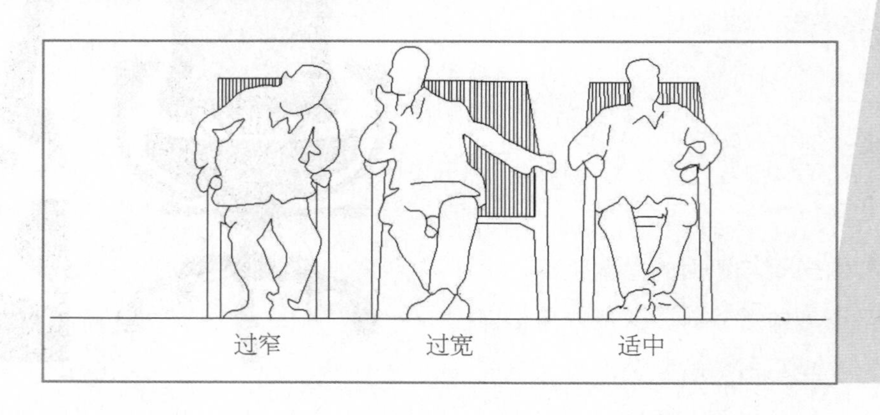

图3.11　坐宽对人体舒适的影响

4. **坐面倾斜度**

根据人体坐姿及动作分析可知（如图3.12所示），当人在休息状态时，坐姿是向后倾靠的，目的在于支撑腰。所以，一般坐面均为向后倾斜，斜角度约为3～5度，同时椅背也向后倾斜。但是，当人在工作状态时，向后倾斜的坐面却会产生负面作用，因为人体工作时，腰椎及骨盘处于垂直状态，或者会根据工作情况会提出前倾的设计要求，这时向后倾斜面的座椅反而会迫使使用者增加保持重心向前时肌肉和韧带收缩的力度，引起过量的疲累。由此可见，工作椅的坐面以水平为宜，或者考虑椅面向前倾斜的设计。如图3.13所示，由挪威设计师设计的工作“平衡”椅，也是根据人体工作姿态的平衡原理设计而成，坐面作小角度的向前倾斜，并在膝前设置膝靠垫，把人的重量分布于骨支撑点和膝支撑点上，使人体自然向前倾斜，使背部、腹部、臀部的肌肉全部放松，便于集中精力，提高工作效率。

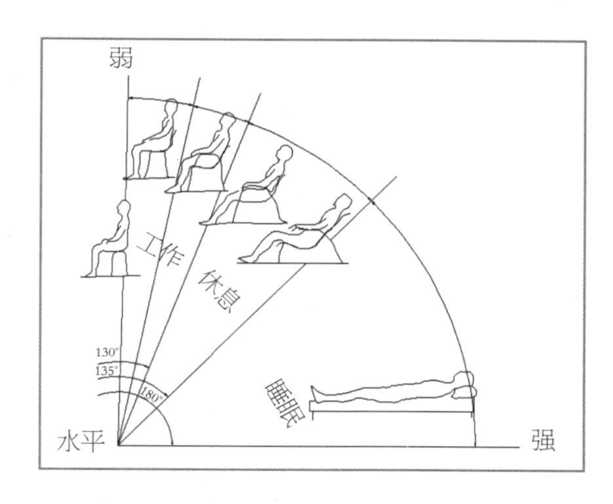

图3.12 人的使用状态与坐面倾斜度的关系

图3.13 “平衡”椅

5. **椅靠背**

椅靠背的人性化设计，目的在于为人体躯干提供舒适的支承，尤其是为人体腰椎，活动强度最大的部分，极易产生疲劳。因此，如图3.14所示，椅靠背的形态通常上与人体坐姿时的脊椎曲线相契合，但靠背的高度一般上沿不宜高于人体肩胛骨。一般的工作椅设计，椅靠背要低，支持位置在上腰凹部第二腰椎处。这样人体上肢前后左右可以较自由地活动，同时又便于腰关节的自由转动。

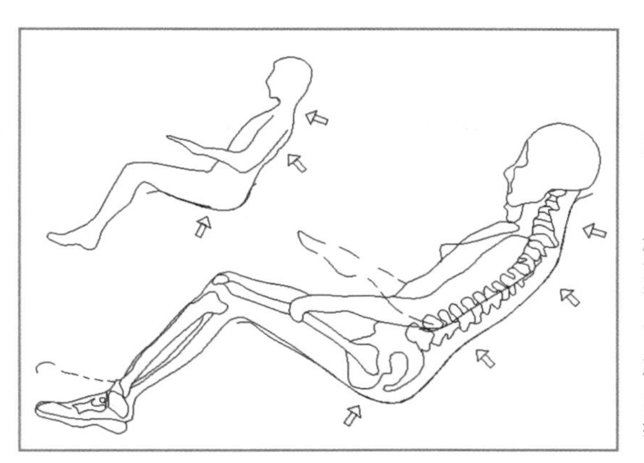

图3.14 椅靠背与人体曲线

6. **扶手高度**

扶手设计对于休息椅与部分工作椅具有重要的意义，作用是为两臂提供支撑，缓解疲劳。其中，扶手高度应与人体坐骨结节点到上臂自然下垂的肘下端的垂直距离接近。如图3.15所示，扶手过高或者过低都会阻碍两臂自然垂落，容易造成上臂疲累，从人体尺度设计来看，扶手的上表面到坐面的垂直距离为200～250mm为宜，同时扶手前端应略为抬高，并依据坐面倾角与基本靠背斜度产生变化，扶手倾斜度一般为±10～20度，在水平方向的左右偏角约为±10度，通常与坐面的形态契合。

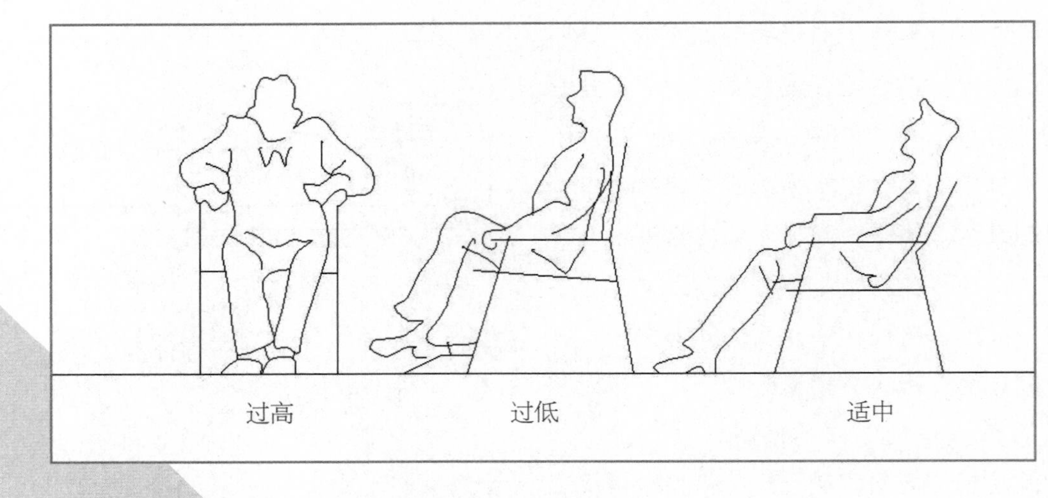

图3.15　扶手高度与人体的舒适性

7. **坐面形态及垫性**

坐面形态通常要契合人体坐姿时大腿及臀部与坐面承压时形成的状态。坐面垫性体现在材质的选择，如图3.16所示，过软的材质使臀部和腿部的软组织大部受压，使人身体凹陷，无法保持或调整坐姿，且易形成疲劳；过硬的材质使人的整个体重均作用于坐骨降起部分，导致坐骨部分的压迫性疼痛。试坐表明，靠背应比坐垫柔软，感觉就舒服。另外，一般沙发或者座椅的座面下沉量选择70mm为宜，而中大型沙发座面下沉量可达80～120mm。同时，背部下沉量为30～45mm，腰部下沉量为35mm为宜。

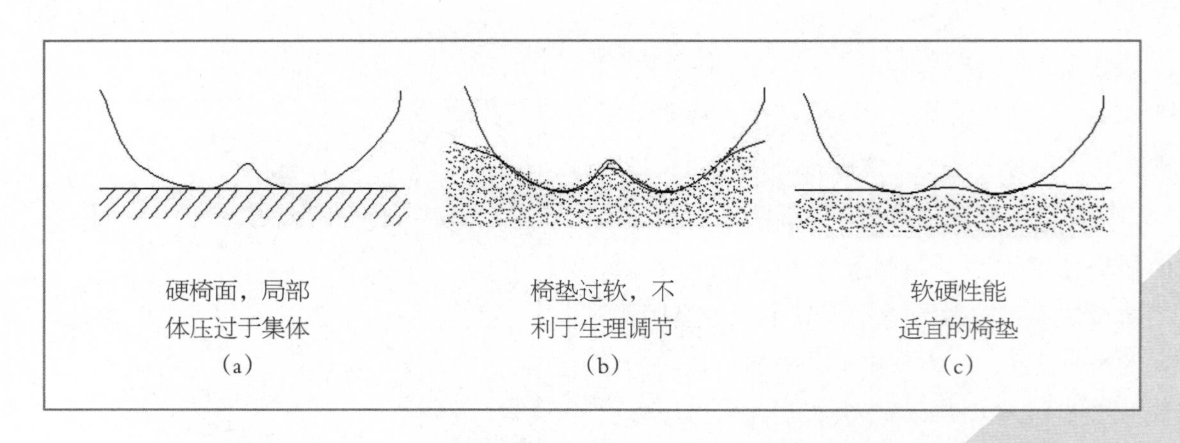

图3.16　坐面垫性与人体舒适度

第三节　凭倚类家具功能设计

课题训练

课题内容： 凭倚类家具功能设计

课题目的： 1. 通过本节的学习了解凭倚类家具功能设计对于人类日常生活与生产实践的意义。

2. 掌握凭倚类家具设计的人机学要点和方法。

课题要求： 掌握凭倚类家具功能设计的基本人机尺寸设计要求

课题教学： 1. 让学生归纳自己身边的凭倚类家具，绘图并测量其基本功能尺寸，在生活中寻找人机学设计问题。

2. 教师对学生所归纳的凭倚类家具设计问题进行分析和点评。

3. 教师通过云桌、冰塔工作台等设计案例的分析，向学生强调凭倚类家具的人机学设计要点。

课题作业： 设计符合人机工程学要求的办公桌，包含三视图、效果图和必要的文字说明，A3版面。

一、案例解析

凭倚类家具是人们日常生活与生产实践中必备的功能性家具。坐姿使用的凭倚类家具如就餐用的餐桌、工作用的写字桌、学习用的课桌、绘图桌等；站姿使用的凭倚类家具如商业展示所用的柜台及生产实践中的各种操作台等。这类家具的基本功能是适应人体在坐或立两种状态下，进行各种活动时提供相应的支撑，并兼有放置或储藏物品的功能，因此这类家具与人体动作产生直接的尺度关系。

如图3.17所示的明代翘头案，是典型的凭倚类家具设计。明代由于文人参与家具设计，使得家具风格整体气质典雅质朴，追求美学、力学、功用三者的完美统一，造型及各部比例尺寸基本与人体各部的结构特征相适应，这件桌案人坐在椅凳上，桌面高度基本与人的胸部齐平。双手可以自然地平铺于桌面，或读书写字，或挥笔作画，极其舒适自然。两端桌腿之间必须留有一定空隙，桌牙也要控制在一定高度，以便人腿向里伸屈，使身体贴近桌面。翘头案等的边部，更加实用，因为当案上放置物品时，由于有了翘头的制约而不容易从侧边滑出，特别方便当时的文人用卷轴书画的时候，不会滚落下地。当翘头构件包住板件的端面时，则可避免榫头暴露在空气中可能引起的木材缺陷。

图3.17　明式翘头案设计

二、参考案例

如图3.18所示的云桌，由STUDIO MAKS设计并由Fiction厂生产。云桌的设计目标是所有类型人群，将通过家具设计提供更有想象力的人机交互方式和工作学习空间，用者将通过合理的使用空间进行信息的交流，因此，云桌的整体使用面积达到70平方米，超过普通家居设计的尺度，进而创造出一种类似建筑空间的凭倚类家具。与此同时，光线与优雅手工制的桌子包含了综合媒体技术，允许人们超出物理空间外，在虚拟尺度里联系，符合现代化办公要求，提供更优质的用户体验。

图3.18　云桌设计

如图3.19所示，扎哈·哈迪德为Lab23设计了冰塔工作台。冰塔工作台的设计理念源于冰川裂隙内冰的形态，造型如同城市雕塑一般，像是无缝衔接的景观，每层都以自己独特的轨迹分散、聚合。冰塔工作台表达了扎哈·哈迪德作品一贯的流线与连续性，探索固体和液体、物体和地面、形式与功能之间的关系。桌子在材质上选取了树脂与石英，坚韧和耐用，通过动态的整体曲线渐进形成柔和的表面，作为工作台面不易形成视觉疲劳。

图3.19　冰塔工作台

三、知识链接

1. 高度

桌子高度将极大地影响人体动作时肌体的形状及疲劳程度。实验表明，过高的桌子易引起人体脊柱的侧弯和视力下降，形成耸肩的不良姿势，此外，肘部低于桌面会使肌肉紧张，产生疲劳；过低的桌子会造成人体脊椎弯曲扩大，同时背肌收缩产生驼背、腹部受压等不良影响，并阻碍呼吸运动和血液循环等，引起人体疲劳。因此，正确的桌高应与椅子坐高保持一定的尺度配合关系。即合理的桌高设计是基于椅子设计的，桌高的设计公式如下：

桌高＝坐高＋桌椅高差（坐姿态时上身高的1/3）

根据不同人体的尺寸情况，椅坐面与桌面的高差值具有适当的变化。比如人在书写的状态下，桌椅高差＝1/3坐姿上身高减20～30mm，而学校一般的课桌与椅面的高差＝1/3坐姿上身高减10mm等。

由此可见，根据人体测量数据确定桌椅面的高差，但人种不同，该数值也不同，欧美等国与我国的标准便不同。1979年国际标准（ISO）规定桌椅面的高差值为300mm，但我国确定值为292mm（按我国男子平均身高计算）。凭倚类家具的批量化生产所带来的不全面适应性可用升降椅面的高度来弥补。我国国家标准GB3326—82规定桌面高度为H＝700—760mm，级差为20mm。即桌面高可分别为700mm、720mm、740mm、760mm等规格。我们在实际应用时，可根据不同的使用特点酌情增减。如图3.20所示为日本人机学专家小原二郎用肌肉活动程度进行厨房清洗台适宜高度的设计研究，结果为当人体上臂自然下垂、前臂接近水平、操作点略低于肘高，是操作台的最佳高度。

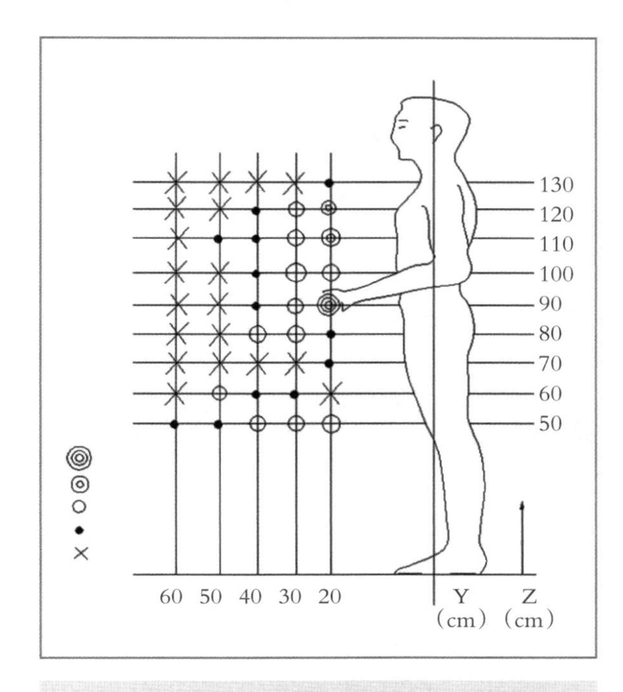

图3.20　操作台高度与人体舒适度

2. **桌面尺寸**

桌面尺寸体现在桌面的宽度和深度，如图3.21所示，桌面的宽度和深度应以人体坐姿状态下手臂可达的水平工作范围以及桌面置放物品的类型为依据。即如在使用时需配置其他物品时，要扩大桌面尺寸以便增添附加装置，而对于阅览桌、课桌类的桌面，设置约15度的倾斜则使人能够获得更舒适的视域，并保持人体正确的姿势。

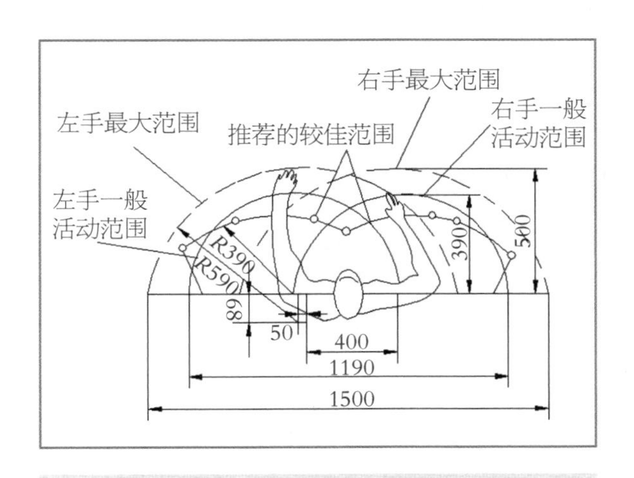

图3.21　人体坐姿下手臂的水平活动空间

3. **桌面下的净空尺寸**

桌面下的净空尺寸保证了人在使用凭倚类家具时下肢能自由活动，桌面下的净空高度应高于

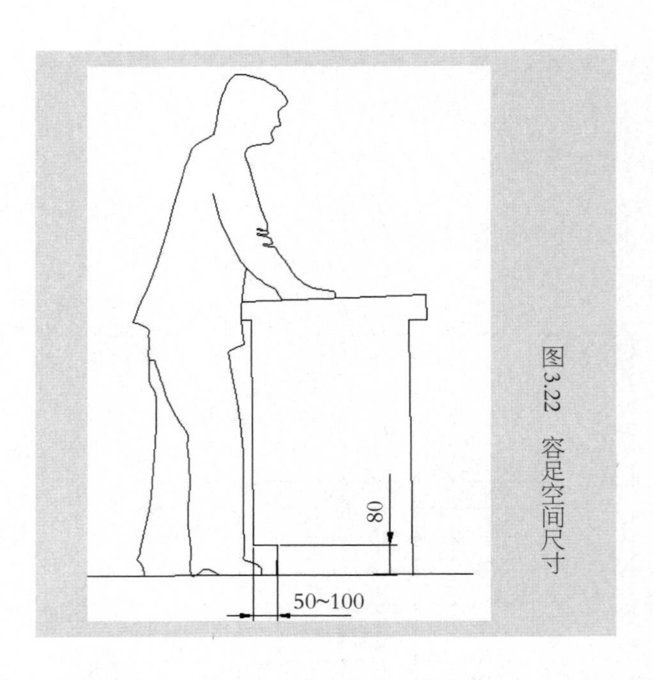

图3.22 容足空间尺寸

双腿交叉叠起进的膝高，并使膝上部留有一定的活动余地。如有抽屉的桌子，抽屉不能做得太厚，桌面至抽屉底的距离不应超过桌椅高差的1/2即120～150mm，也就是说桌子抽屉下沿距椅坐面至少应有150～172mm的净空，国家标准GB3326—82规定，桌子空间净高大于580mm，净宽大于520mm。

4. 容足空间尺寸

立式凭倚类家具下部不需留出容膝空间，但底部需要设置容足空间，以利于人体在使用时依靠台桌，如图3.22所示，该空间是内凹的，高度为80mm，深度在50～100mm。

第四节　贮藏类家具功能设计

课题训练

课题内容： 贮藏类家具功能设计

课题目的： 1. 通过本节的学习了解贮藏类家具的定义与分类。

2. 掌握贮藏类家具设计的人机学要点和方法。

课题要求： 掌握贮藏类家具功能设计的基本人机尺寸设计要求

课题教学： 1. 让学生归纳自己身边的贮藏类家具，绘图并测量其基本功能尺寸，在生活和工作学习中寻找人机学设计问题。

2. 教师对学生所归纳的贮藏类家具设计问题进行分析和点评。

3. 教师通过ZOO模块化家具、亮格柜、宜家置物架、收纳凳等设计案例的分析，向学生强调贮藏类家具的人机学设计要点。

课题作业： 设计符合人机工程学要求的书架，包含三视图、效果图和必要的文字说明，A3版面。

一、案例解析

贮存性家具是收藏、整理日常生活中的器物、衣物、消费品、书籍等的家具。根据存放物品的不同，可分为柜类和架类两种不同贮存方式。柜类贮存方式主要有大衣柜、小衣柜、壁柜、被褥柜、书柜、床头柜、陈列柜、酒柜等；而架类贮存方式主要有书架、食品架、陈列架、衣帽架等。贮存类家具的功能设计必须考虑人与物两方面的关系：一方面要求贮存空间划分合理，方便人们存取，有利于减少人体疲劳；另一方面又要求家具贮存方式合理，贮存数量充分，符合设计理念。

如图3.23所示的MAYICE设计的ZOO模块化家具，由Antonio Rodriguez进行了手工制作，这些独特的手工单品结构自我平衡，无需螺钉或附加结构。材质上，使用可持续管理森林中的松木制作。重点是，这款座椅主要的附加功能是储物，模块化的设计处理，容易堆叠形成丰富的、符合人机工学的家具形态，不同的高度设定可组合成为杂志架、绿植架、鞋架，用户堆放日常用品，轻巧灵活。

图3.23　ZOO模块化家具

柜子的高度、层高、开合方式等都是照人的使用习惯和生理尺寸而确定。架也有大小二式，大者为书架，高七尺余，与成人身体尺度相适，既要拿书方便，又要宜于书籍的保存，小架，可置于几上，用于放置“笔架及朱墨漆者”，既要美观又须使书房不显零乱，雅而有序。如图3.24所示为明代的万历柜，万历柜因样式流行于明代万历年间而得名，柜为架格和柜子的组合，上可陈设文玩，下可储放书籍物品。因上格透空明亮，故又名亮格柜。一般万历柜的高度尺寸，会比人的视线稍微高一点儿，眼睛稍微往上一抬，就能看见它的亮格了。

图3.24　万历柜

二、参考案例

如图3.25所示由宜家设计的功能性凳子“波斯昂”。“波斯昂”能够在浴室和其他潮湿的地方发挥作用，具有多种其他用途，它带有嵌入式的储物空间。长方形状使之可被放在几乎任何地方。底部带孔，透气，帮助收纳衣物、玩具、帽子和手套，里面潮湿的东西不会发霉。此外，支腿可防止地上的水渗入。

如图3.26所示来自北京的家具设计师张晨的“规矩”系列作品，一张可以开合实现储物功能的桌子。该设计对工作桌进行了设计，分为两层，底层为工作空间，可储存工作用具；上层为生活空间，摆放临时

图3.25　波斯昂储物凳

的生活用具。当工作周期性结束时，可以在不更改原有工作状态的情况下迅速进入生活状态，将底层空间作为工作的储物间，在提高工作效率的同时，不丧失生活情趣。

图3.26 “规矩”桌子

三、知识链接

1. **高度区域划分**

对储藏类家具的高度空间区域划分应依据垂直面人体操作尺度。如图3.27所示，我国的国家标准规定储物柜高度的限定值为1850mm，在1850mm以下的范围内，根据人体动作行为和使用的舒适性及方便性，再可划分为两个区域，第一区域为舒适区域，为以人肩为轴，上肢半径活动的范围，高度定在650~1850mm，是存取物品最方便、使用频率最多的区域，也是人的视线最易看到的视域。第二区域为较舒适区域，为从地面至人站立时手臂下垂指尖的垂直距离，即650mm以下的区域，该区域存贮不便，人必须蹲下操作，一般存放较重而不常用的物品。若需扩大贮存空间，节约占地面积，则可设置第三区域，即橱柜的上空1850mm上的区域，为不舒适区域，一般叠放柜架，需借助楼梯等拿取物品。

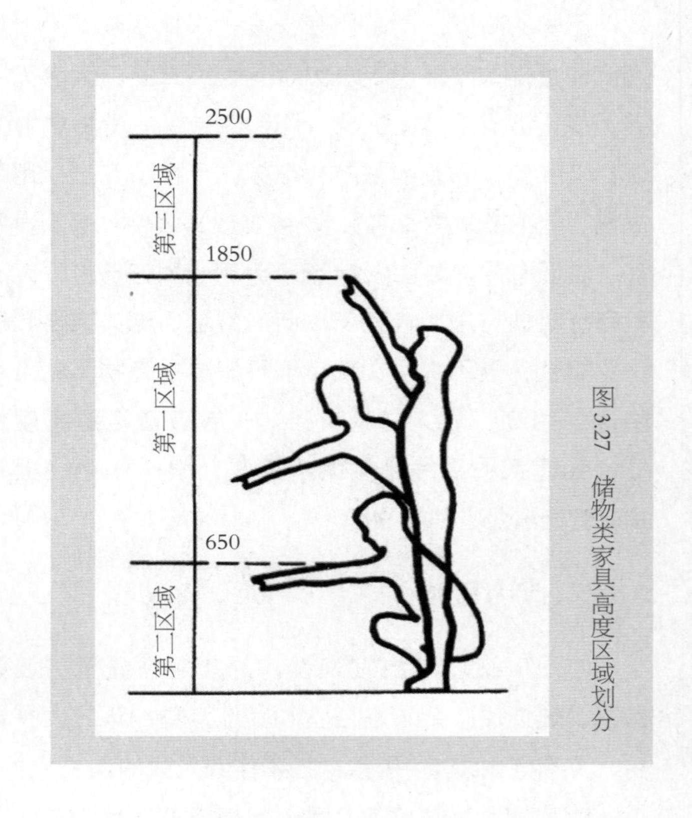

图3.27 储物类家具高度区域划分

2. **内部空间深度和宽度**

储物类家具的内部空间尺寸很重要，一般内部深度和宽度决定了可存储物的最大尺寸限定，还需留有一定的余量。深度和宽度过小会导致柜门无法关闭或者对物品产生挤压损坏；过大的深度和宽度，则形成空间浪费。因此，储藏类家具内部空间深度和宽度需由存放物的类别、数量、储藏方式以及与整体室内空间的配置关系等约束条件来确定，同时，还应充分考虑加工时板材尺寸的合理裁切和系列家具设计的模数化设定等，如一般柜体宽度常用800为基本单元，深度上衣柜为550~600mm，书柜为400~450mm。

第五节　家具设计图

课题训练

课题内容： 家具设计图的概念与实践

课题目的： 1. 通过本节的学习了解家具设计图的组成。

2. 掌握家具设计图绘制的要点和方法。

课题要求： 掌握家具设计图中三视图、透视图和尺寸标注的要求与方法

课题教学： 1. 学生结合对于坐卧类、凭倚类及储藏类等家具的创新设计实践进行设计图分析与绘制。

2. 教师对学生的家具设计图进行分析和点评。

3. 教师通过对相应的设计案例的分析，向学生强调家具设计图绘制的要点。

课题作业： 学生自拟家具设计类别，进行完整的设计图绘制，包含概念草图、透视图、三视图、效果图、尺寸标注和必要的文字说明，A3版面。

一、案例解析

家具设计图是反映设计人员的构思、设想的家具图样。其中，家具设计图的初始状态就是设计草图，是设计人员徒手勾画的一种图，以透视草图居多，包括透视图、视图、尺寸及说明性简图，设计草图根据其使用范围，设计人员可选用合适的图纸，图幅、画法也不受任何约束。如图3.28所示为设计师刘传凯的家具设计草图，包含了该家具创意设计的初始草图、构想图、爆炸图和使用情境图。草图能将设计者的构思便捷准确地演化成可被识别的设计实体，使生产者初步理解设计师的设计意向，有助于进一步的家具设计创新。因此，绘制草图是家具设计最初的图纸，可选用铅笔、钢笔、马克笔、尺规以及各种绘图纸等工具进行创作，一般用透视图表达。当然，草图多数是概念性的，是为进一步的家具设计图提供创意基础。

家具设计图一般只画出家具的外观视图，不画家具的有关制品结构，设计图上的尺寸不宜标注的太多，标注尺寸的多少依图样的功能而定，应注意，家具设计图需按视图已定的尺寸以投影的方法画出轮廓，要清晰准确地表达设计造型，必要时进行色彩分析。如图3.29所示，梳妆台和置物架的设计图，用三视图和造型的透视图完整地显示了设计的尺寸要求和造型特点。此类家具设计图是在设计草图基础上整理而成的，要用详尽的三视图表达家具的外观形状及结构要求，在三视图中无法表达清楚的地方，需用局部视图和向视图等表示。

二、参考案例

如图3.30所示为清代红木圆石靠背福寿纹扶手椅设计图，设计图中绘制了扶手椅的基本视图，即主视图、左视图和俯视图，对基本轮廓尺寸进行了标注，能够清晰地表达椅子设计的造型特征和基本尺

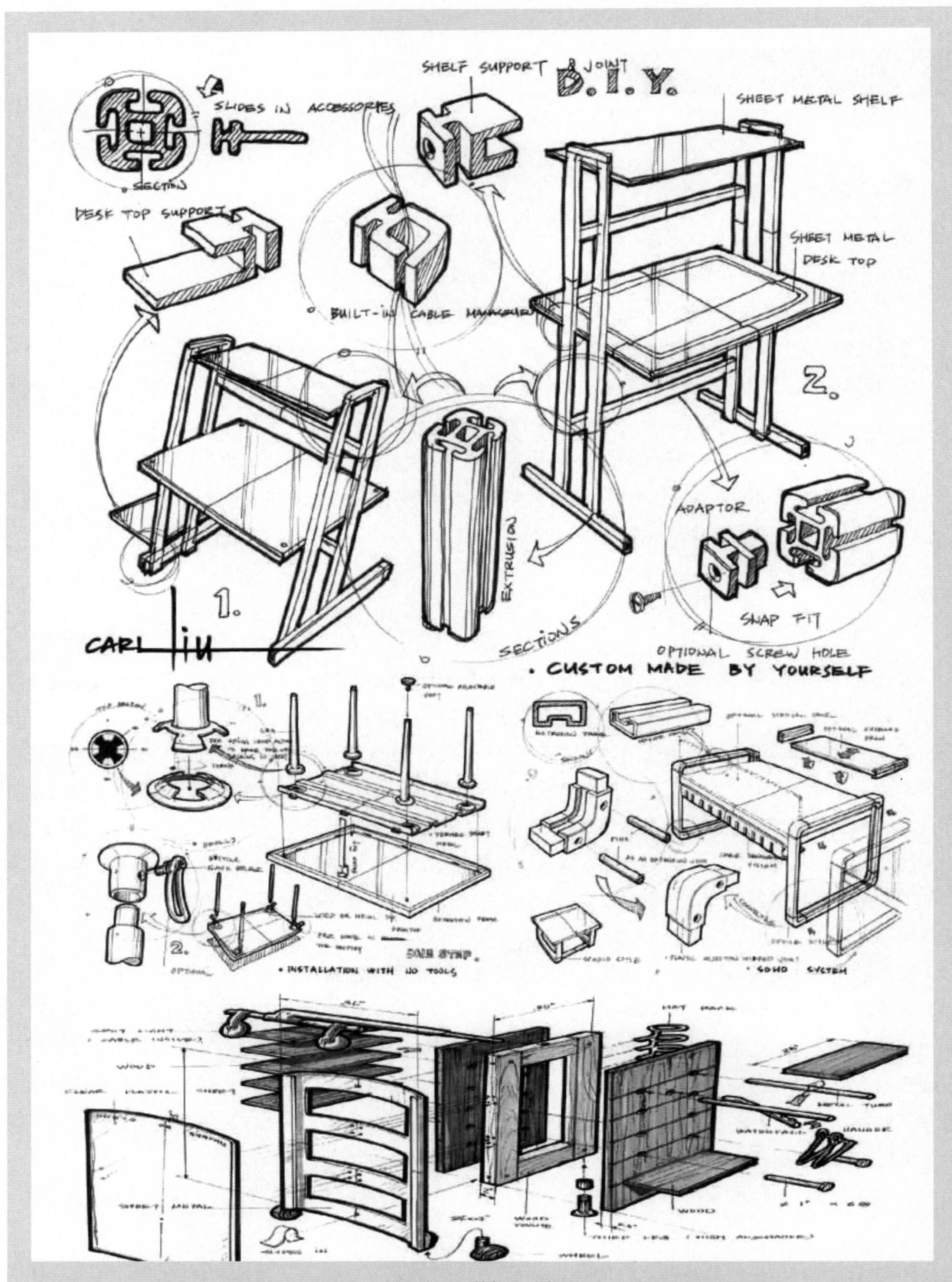

图3.28 刘传凯设计草图

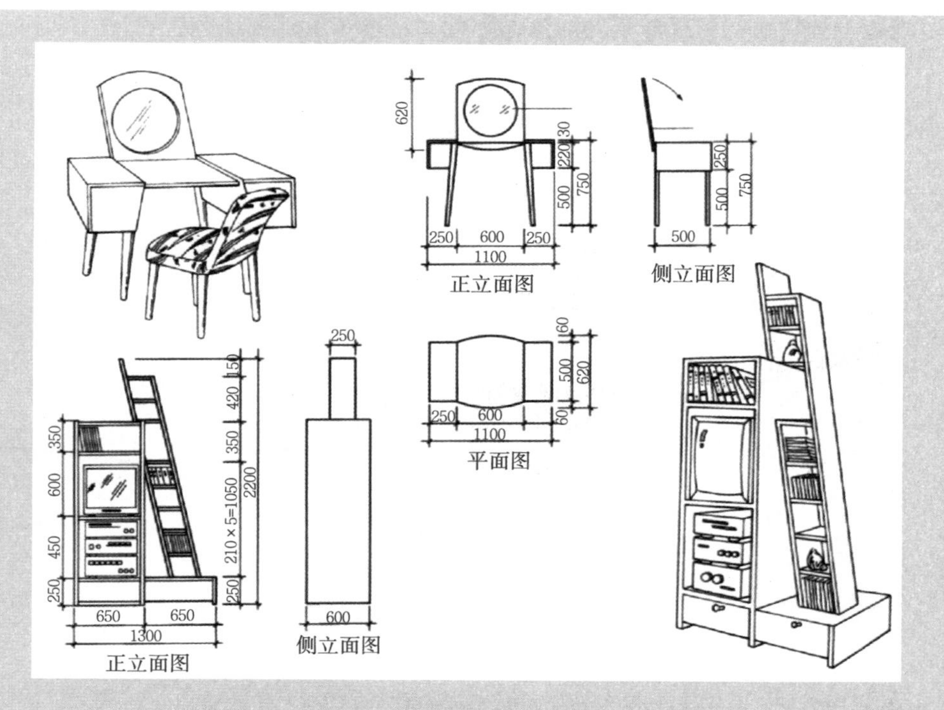

图 3.29　梳妆台和置物架的设计图

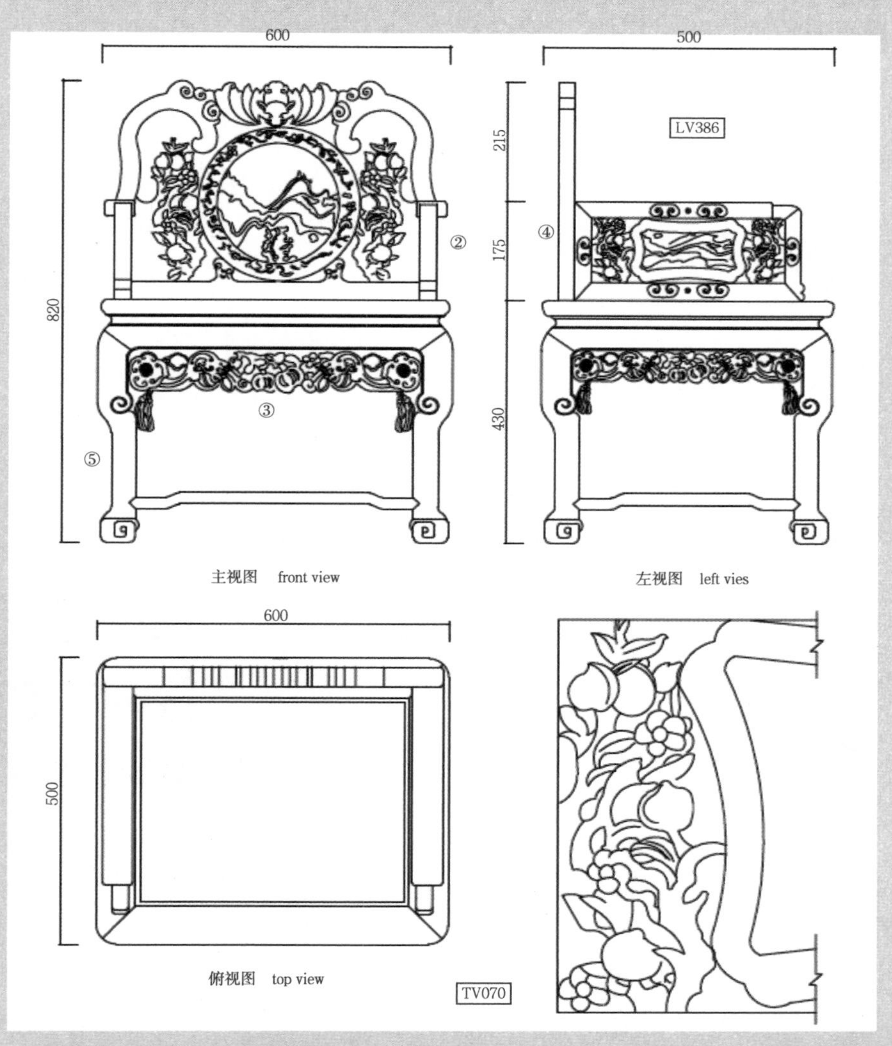

图 3.30　清代红木圆石靠背福寿纹扶手椅设计图

寸。此外，还对椅背上纹样进行了局部视图绘制，提现了该椅子设计图的完整性。

如图3.31所示为设计师密斯·凡·德·罗设计的巴塞罗那椅，图中用结构线标明了椅子造型设计的比例与尺度，提现了该椅子造型设计的精巧与优美，表达了密斯的理性主义设计思想。

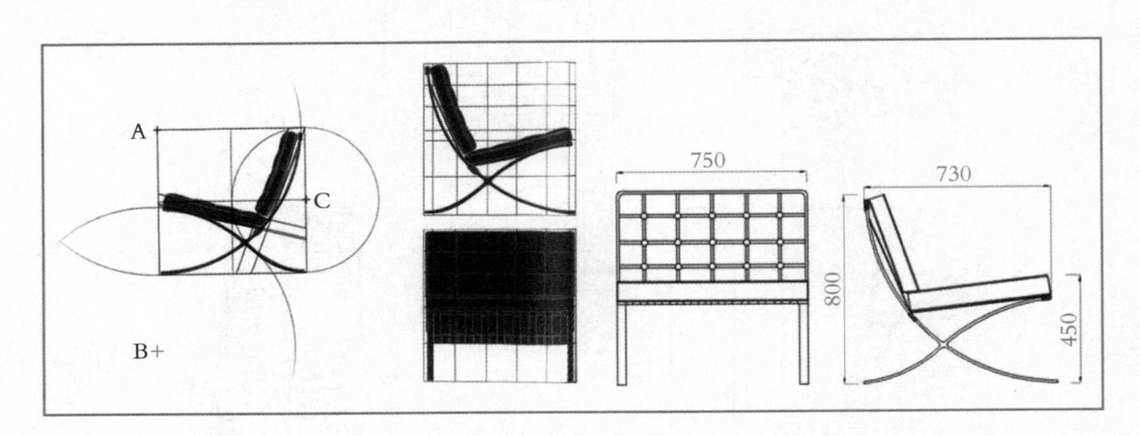

图3.31　巴塞罗那椅设计图

如图3.32所示为学生习作，设计图包含此该办公家具完整的基本视图和尺寸标注，并适当配以文字描述家具材料、技术要求等。其中，基本视图包含前视图、侧视图和俯视图等平、立面图，各视图位置按照国家制图标准进行了放置。需注意的是，此家具图按国家标准图纸幅面选择了图纸大小，并画出图框线和标题栏。

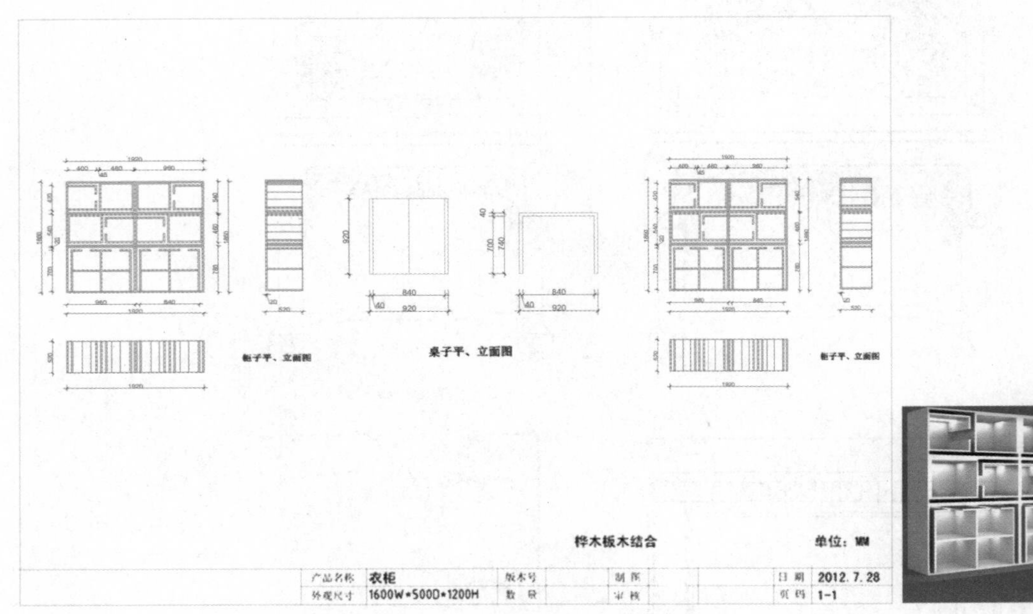

图3.32　学生习作——办公家具设计图

三、知识链接

1. 视图

视图由基本视图、局部视图组成。第一，基本视图。常以三视图的形式出现，如图3.33所示桌子设计图，包含前视图、右（左）视图和顶视图。此外基本视图还包括仰视图、后视图等。各视图位置需按国家制图标准放置，如需自由配置时应按向视图的表达形式处理。基本视图数量根据所表达的物体的需要而定。要尽可能多地表达清楚家具设计造型。第二，局部视图。局部详图要详细表达家具的局部形态。如家具各部分的结合方式、榫结合的类别、形状与它们的相对位置和大小以及装饰性线脚的断面形状等。

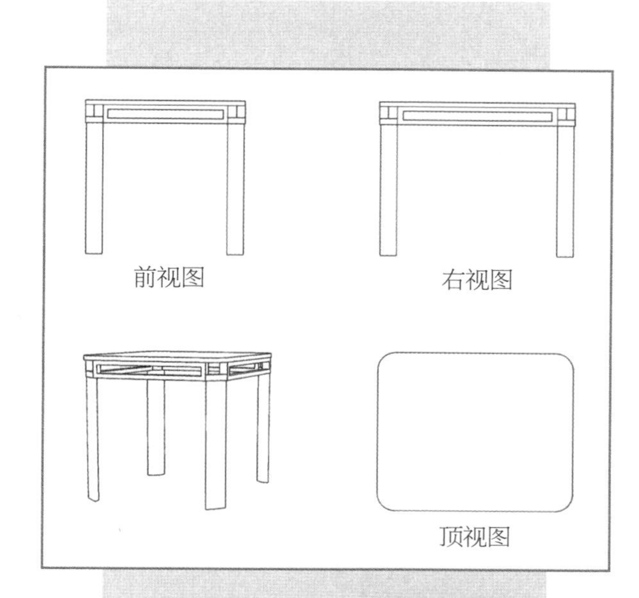

图3.33　学生自作——桌子设计三视图

2. **尺寸标注**

尺寸标注总体轮廓尺寸和功能尺寸。家具总体尺寸（规格尺寸）、功能尺寸。总体尺寸是指总宽、总深、总高。功能尺寸是指家具设计时功能上要求的尺寸，如桌高、椅座高等，以及与放置环境相配合的尺寸，如餐椅扶手高等。此外，如图3.34所示尺寸标注图，尺寸一律以毫米为长度单位，图下不必注写“毫米”；线性尺寸有尺寸线、尺寸界线、尺寸起止符号和尺寸数字组成。尺寸线、尺寸界线均为细实线；尺寸数字可以写在尺寸线上方，也可将尺寸线断开，中间写数字；尺寸线上的起止符号一般采用与尺寸线倾斜45° 左右的短线表示，也可使用小圆点；标注角度时，尺寸的起止符号使用箭头。

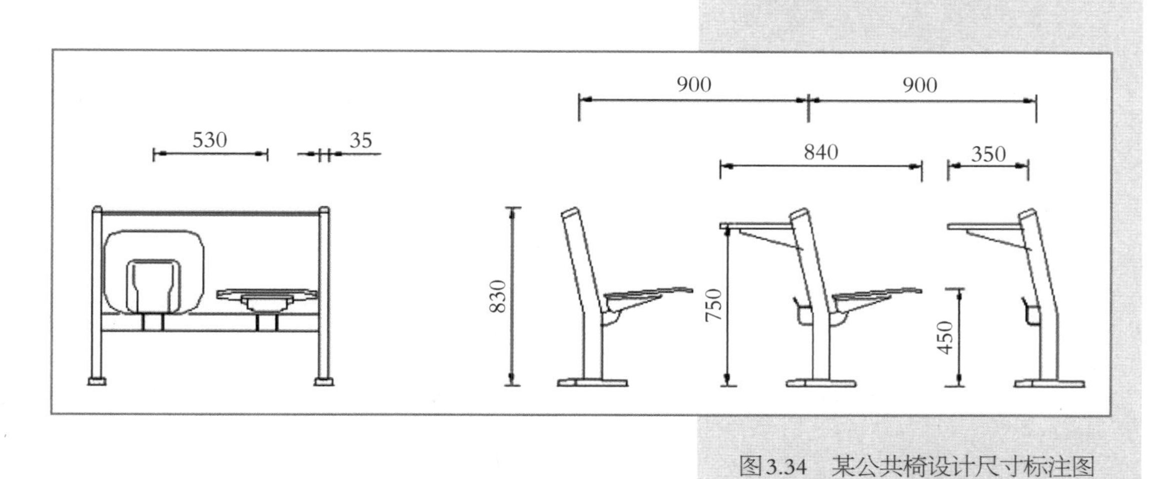

图3.34　某公共椅设计尺寸标注图

3. **透视图**

透视图是设计图中重要的图形，能够迅速表达设计者的构思。具体而言，用笔准确地将三度空间的家具造型描绘到二度空间的平面上，这个过程就是透视过程。用这种方法可以在平面上得到相对稳定的家具造型特征图，即“透视图”。透视图具体的创作技法可分为一点透视、两点透视、三点透视。其中，如图3.35所示，家具设计常使用两点透视进行绘图，两点透视也叫成角透视，即物体向视平线上某两点消失。

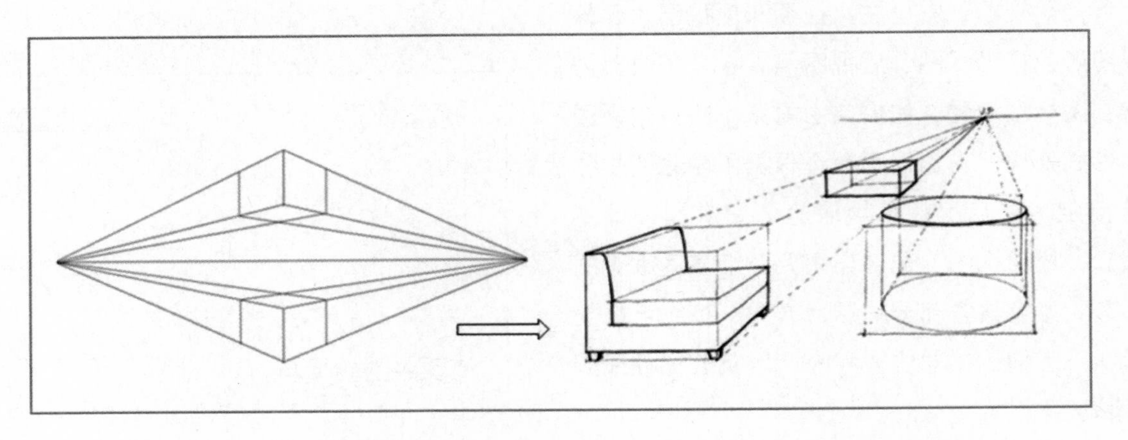

图3.35 学生习作——两点透视图

本章思考与练习

1. 为什么人体尺寸是家具功能设计的主要依据？
2. 坐卧类、凭倚类、储藏类家具设计的人机学要求有哪些？
3. 家具设计图中三视图、透视图和尺寸标注的要求是什么？

第四章　家具的材料与形态

◆ **学习要点及目标**

1. 了解常见家具材料的种类及形态概念。
2. 掌握木质家具、竹材家具、金属家具、塑料家具、玻璃家具、软体家具、石材家具等材料的特性与常见形态。
3. 通过对材料的加工实践，用一些常规材料制作简单的家具模型。

◆ **核心概念**

家具设计材料；家具设计结构；制作工艺

引导案例

我们生活在一个材料极为丰富的时代，每一种材料都具有物理特性，或粗糙或细腻，或柔软或坚实，或密实或透明，这是材料自身存在的方式。传统的石、砖、钢等系列材料被赋予了现代技术和思想，家具设计变得更为实用与高效，家具设计思想脉络也更为透彻清新。仅就材料本身而言，它只是一种载体，它通过家具设计师实现自身的价值。而当家具设计师通过思想和手段，在未改变其物理性质的条件下，将材料进行组合拼装，此时材料不仅仅是其自身，它还具有了另一种思想和情感，这才是它存在的真正意义。

家具设计发展到今天，已经很难做到按材料进行绝对的分类。从家具历史的发展进程可以看出，材料使用的单一性已经被今天的多样性所取代，一件家具已经不只是一种，而是由多种材料组合而成。所以有些家具只能主观的按其形态特征表现出的主要用材进行分类。其实家具的归类并不重要。我们的目的是要更好地了解材料及相应的工艺特性，在家具设计中能做到“按料取材，因材施艺”，充分发挥出材料的优点和特性。

图4.1　红蓝椅

如图4.1所示红蓝椅是风格派最著名的代表作品之一。它是家具设计师里特维尔德受《风格》杂志影响而设计的。里特维尔德的红蓝椅对包豪斯产生了很大的影响。红蓝椅于1917—1918年设计，当时没有着色，着色的版本直到1923年才第一次展现于世人。这把椅子整体都是木结构。15根木条互相垂直，组成椅子的空间结构，各结构间用螺丝紧固而非传统的榫接方式，以防有损于结构。这把椅子最初被涂以灰黑色。后来，里特维尔德通过使用单纯明亮的色彩来强化结构，使其完全不加掩饰，重新涂上原色。这样就产生了红色的靠背和蓝色的坐垫。这款红蓝椅具有激进的纯几何形态和难以想象的形式。在形式上，是画家蒙德里安作品《红黄蓝相间》的立体化翻译。该画家以利用处于不均衡格子中的色彩关系达到视觉平衡而著称。

第一节　木质家具

课题训练

课题内容：木质家具

课题目的：1. 通过本节的学习了解木质家具。

2. 掌握木质家具的分类与特色。

课题要求：了解木质家具的种类及性能优缺点，了解板式家具的常见基础材质。

课题教学：1. 让学生归纳自己身边的木质家具，拍照并测量其基本尺寸。

2. 教师对学生所归纳的木质家具的问题进行分析和点评。

3. 教师通过waste less chair、Tree Trunk Beach等设计案例的分析，向学生讲解木质家具的特点以及各自的材料与特有的形态。

课题作业：绘制一把木质的家具，包含三视图、效果图和必要的文字说明，A3版面。

一、案例解析

随着潮流的变更，木质家具成为现在人们比较喜爱、经常选择的家具之一。因为木质家具使用自然古朴的材质，而且常给人一种清新、干净的舒适感觉。木纹赋予木材华丽优美、自然、亲切的视觉感受。木材可以吸收阳光中紫外线，反射红外线，具有保护视力的作用。室内木材使用率的高低与人是否感觉到温暖、安全、舒畅有密切关系。木材及木质给人感觉温和，软硬程度和光滑程度适中，能给人适宜的刺激，引起良好的感觉，进而调节人的心理健康。当室内环境的相对湿度发生变化时，木质的家具或室内装饰材料可以相应地从环境中吸收或释放水分，从而起到缓和湿度变化的作用。木材具有优良的吸放湿特性，因而具有明显的湿度调节功能。木质家具和室内装饰材料可以使得声音在传播过程中更加柔和，在交谈时声音清晰，且有良好的隔音效果。

如图4.2所示匈牙利architecture uncomfortable workshop用制作木梁架剩下的废弃橡木料设计制作了这个“waste less chair”——这是一把可伸展的座椅，可以打开变形，形成两种座椅，一种是摇椅，另一种是有支腿的躺椅。不用的时候，这个椅子可以完全收缩，折叠成圆柱形的树干形状。“waste less chair”的四个部分都可以打开收起，全部收起来就是一捆圆形大木头，可以当摆饰用，更重要的是，挪动这张沙发不费什么力气，因为其可以用滚的。把上部和背部两块打开，就成了靠背摇摇椅，想要脚垫的话就把下部拉出来，利用木头本身的弧度就成了很舒服的脚靠，再加上一副复古风椅垫，一定超舒服超拉风。这样既节省了空间又不缺少美观。

图4.2　waste less chair

二、参考案例

如图4.3所示这一系列儿童家具包括书桌、凳子、玩具整理箱、铅笔盒、脚踏车。设计师以斯洛文尼亚村庄的动物们为原型，将每一款家具都赋予了不同的动物形象。书桌是奶牛，凳子是小狗，玩具整理箱是一头粉色的小猪，铅笔盒是一只公鸡，而脚踏车则为小猫。动物们被抽象成简单的线条与面板，同时也保留了自身独特的个性。它们的选材多为斯洛维尼亚橡木，即使是折角处，也经过圆滑打磨处理。设计师希望能用这一系列家具带给孩子们更多的想象空间，满足功能性的同时增加其娱乐性。

如图4.4所示米兰的曲美与创基金的设计大咖梁志天、卢志荣合作的两款作品：扶手椅与咖啡桌，两款产品的设计灵感均来自扇子，扶手椅从团扇中获得设计灵感，以其团圆如月的形状暗合中国人崇尚合欢吉祥的寓意。设计师梁志天以白橡木结合皮革的方式表现产品的端庄风雅，也展示其在室内、建筑设计方面的造诣和才华，在结构上，把椅子的空间放大，变成空间的视觉中心，既有装饰性、体量感，又不失功能性。咖啡桌的设计妙在124支木结构，设计师卢志荣所设计的，每支木元素所呈现出来的长度和弧度皆不一样，所需元素均需手工打磨，并使用水性漆保持木本色。同时，曲美还专门为这124支木

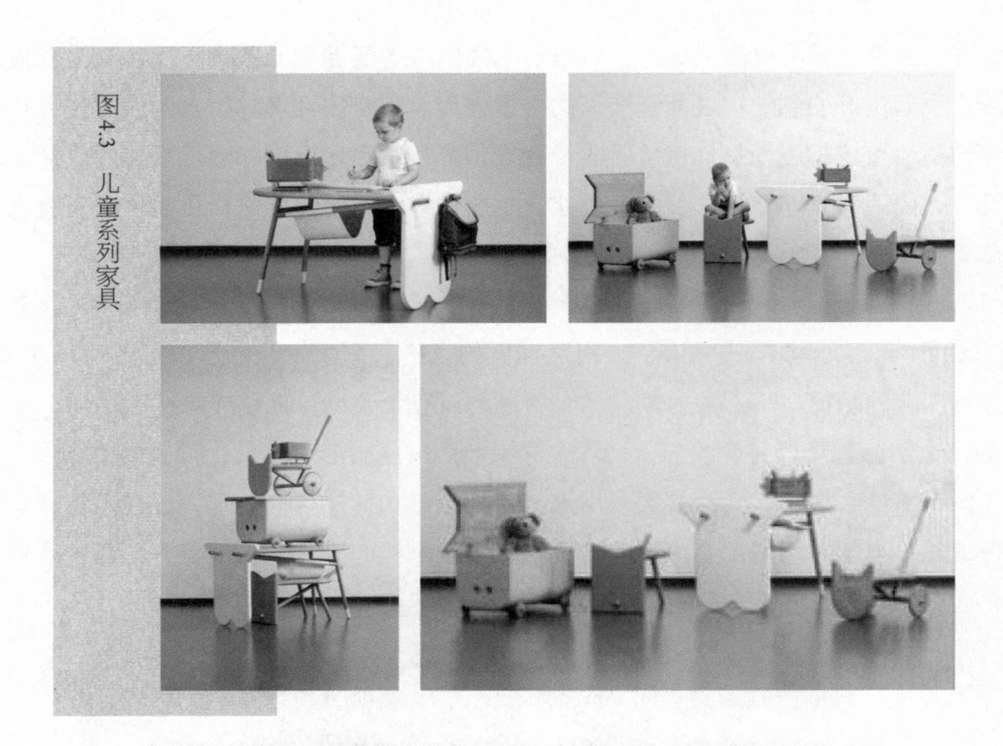
图4.3 儿童系列家具

图4.4 扶手椅和咖啡桌

图4.5 Cascade Club椅子

结构单独打造模板，保证工艺结构的精细。咖啡桌与扇子呼应，意在表现扇子骨摆开的叠加效果，展现东方的雅致气韵。

如图4.5所示这款椅子是由Phloem工作室设计，椅子的底部是木质，有白橡木、樱桃、核桃木三种制式，座椅和椅背为一体，内部有羊毛纺织物的填充，外部包裹皮革，类似沙发的搭配，可以保证使用舒适，外形却并不显得臃肿。

三、知识链接

1. 天然实木

木材以其天然独成的色泽纹理之美，温暖舒适的触觉感受，良好的物理力学性能和优良的加工特性，一直以来受到设计师和消费者的青睐。它是目前使用历史最悠久、应用最广泛的家具材料。

(1) 分类

我国地域辽阔，树种繁多，约有七千多种。其中材质优良，可用于家具制作的约有四十多种。按其树种不同可以分为针叶树材和阔叶树材两大类。针叶树树干高大通直，容易得到大规格尺寸的木材，其纹理平直，材质均匀细腻，大多柔软易于加工，称为软木。家具常用针叶树材有落叶松、红松、白松、杉木、马尾松等。阔叶树材一般材质较硬，称为硬木。阔叶材往往具有美丽的花纹，适用于高档家具的制作或者作为表面装饰。家具常用阔叶树材主要有分布在东北的水曲柳、榆木、桦木、色木、椴木、柞木、麻栎、黄菠萝、楸木；分布在长江流域的柏木、檫木、梓木、榉木；南方的香樟、柚木、紫檀等等。

（2）优点

① 木材具有良好的视觉特性

木纹赋予木材华丽优美、自然、亲切的视觉感受。木材可以吸收阳光中紫外线，反射红外线，具有保护视力的作用。室内木材使用率的高低与人是否感觉到温暖、安全、舒畅有密切关系。

② 木材具有良好的触觉特性

木材及木质给人感觉温和，软硬程度和光滑程度适中，能给人适宜的刺激，引起良好的感觉，进而调节人的心理健康。相比于钢制铁艺的家具，有没有觉得多了份温暖呢?

③ 木材具有空间调湿性能

当室内环境的相对湿度发生变化时，木质的家具或室内装饰材料可以相应地从环境中吸收或释放水分，从而起到缓和湿度变化的作用。木材具有优良的吸放湿特性，因而具有明显的湿度调节功能。

④ 木材具有良好的声学性质。

木质家具和室内装饰材料可以使得声音在传播过程中更加柔和，在交谈时声音清晰，且有良好的隔音效果。

（3）缺点

我们把凡是降低木材质量，影响其使用的各种缺点，统称为木材缺陷。根据其成因不同可以分为天然缺陷、加工缺陷、干燥缺陷等等。国标GBl 55.1—84和GB4823.1—84《针叶树木材缺陷和阔叶树木材缺陷》分类标准把木材缺陷分为节子、变色、腐朽、虫害、裂纹、树干形状缺陷、木材构造缺陷、伤疤、木材加工缺陷、变形等十大类，各大类又分成若干分类和细类。木材缺陷对木材的物理化学性质和加工性能有较大的影响。

2. **人造板材**

凡是以木材或者非木材植物纤维为主要原料进行加工处理而制成的板材或方材，通称为“人造板”。根据组合加工方式的不同，人造板一般可分为胶合板、纤维板、刨花板、细木工板、集成材、层积材、重组木等。随着科技的发展，大量木基复合材料也开始得到应用，如石膏刨花板、水泥刨花板、木塑复合材料、木材金属复合材料等。

（1）胶合板

胶合板发展历史最悠久，在家具工业中应用也最早，是由原木经过旋切（或刨切）成单板，再经纵横交错排列胶合为三层或多层的人造板，具有幅面大、厚度小、表面平整、容重轻、纵横向的强度较大、力学性质均匀等特点。目前，美国和加拿大是世界上消费胶合板最多的国家。美国约有25%的硬木胶合板用于家具工业，除此以外，有25%的针叶树材胶合板用作建筑内部装修和细木工制品。在我国，胶合板已经大量运用于装饰和家具行业。在家具工业领域，胶合板大量运用于衣柜、屉柜、书柜、酒柜等家具的板式部件和背板底板等，用珍贵树种做面板的胶合板还大量运用于高级家具制造领域。另外，借助模板运用多层胶合板弯曲热压胶合的简单工艺，可以获得有效的流线型家具部件。

（2）纤维板

用采伐剩余物和木材加工中的废料如枝桠、截头、板皮、边角等或其他植物纤维作主要原料，经过机械分离成单体纤维（有的加入少量化学药剂），加入一定量的添加剂（如防水剂等）制成浆液，用成型机制成板坯，通过热压作用使互相交织的纤维之间自身产生结合力，或加入胶黏剂重新组合而成的人造板，称为纤维板。纤维板具有结构单一、干缩性小、幅面大、表面平整、隔音和隔热性能良好等优点，是目前家具工业中应用最多的人造板之一。

按照容重的不同，纤维板可分为硬质纤维板、半硬质纤维板和软质纤维板。容重在0.8g/cm^{3}以上的纤维板称之为硬质纤维板，也叫高密度纤维板；容重在0.4g/cm^{3}以下的纤维板称之为软质纤维板，也叫低密度纤维板；容重在0.4～0.8g/cm^{3}之间的纤维板，称之为半硬质纤维板，也叫中密度纤维板。

硬质纤维板结构均匀，强度较大，表面不美观，易吸湿变形，可以代替薄板应用于建筑、车辆、船泊、家具制造等方面。软质纤维板容重不大，物理力学性质不及硬质纤维板，主要在建筑工程中用于绝缘、保温、吸音等方面。

中密度纤维板强度较高较均匀，抗弯强度为刨花板的2倍，表面平整光滑，便于胶贴和涂饰，不存在天然缺陷和离缝、叠层加工缺陷，切削加工（锯截、开榫、开槽、磨光等）性能良好，优于天然木材，结构均匀致密，可以雕刻、镂铣，板边也可以铣削，可不经过封边而直接涂饰。相对于天然木材而言，纤维板易吸水变形，表面装饰性差，一般需要贴面处理才可作为家具表面用，侧向握钉力差，一般只用木榫或者连接件进行连接。中密度纤维板是板式家具的主要原材料，在纤维板表面贴印刷装饰纸、塑料装饰纸或者珍贵木皮可以获得良好的装饰效果。近年来，很多厂商将木皮贴面的纤维板应用于实木家具制造领域，特别是仿古家具的制造，达到了以假乱真的效果，同时大大节约了材料成本，这种做法已经开始推广。除了进行表面涂饰装饰和印刷装饰外，中密度纤维板还可以用各种模压成型方法制造特殊用途的模压制品和浮雕效果。

（3）刨花板

刨花板是利用木材加工废料、小径木、采伐剩余物或其他植物秸秆等为原料，经过机械加工成一定规格形态的刨花，然后施加一定数量的胶黏剂和添加剂（防水剂、防火剂等），经机械或气流铺装成板坯，最后在一定温度和压力作用下制成的人造板。根据刨花尺寸和分布不同，刨花板一般可分为单层、三层、多层和渐变几种结构。

① 单层刨花板：在板的厚度方向上，刨花的形状和大小完全一样，施胶量也完全相同。这种刨花板表面比较粗糙，不宜直接用于家具生产。

② 三层刨花板：在板的厚度方向上明显地分为三层。表层用较细的微型刨花、木质纤维铺成，且用胶量多；芯层刨花较粗，且用胶量少。这种刨花板强度高，性能好，表面平滑，易于装饰加工，常用于家具生产。

③ 多层刨花板：在板的厚度方向上刨花明显地分为多层（三层以上）。这种板的稳定性和强度均匀性都较三层为好，但所需的铺装设备多，成本高，国内较少生产。

④ 渐变刨花板：在板的厚度方向上从表面到中心，刨花逐渐由细到粗，表层芯层没有明显界限。这种板的性能与三层刨花板相似，也常用于家具生产。刨花板幅面大、品种多、用途广、表面平整、容易

胶合及表面装饰，具有一定强度，但不宜开榫和着钉，表面无木纹。经二次加工，复贴单板或热压塑料贴面以及实木镶边和塑料封边后等就能成为坚固、美观的家具用材，在我国学校家具和橱柜家具中运用较多。

（4）细木工板

细木工板也叫大芯板或木工板，是用长短不一的小木条拼合成芯板，两面胶贴一层或两层单板（或胶合板、其他饰面板等），经加压而制成的实心板材。芯板由一定规格的剔除了节子等缺陷后的小木条拼接而成，使板材具有一定填充厚度和支撑强度，是基材；最外层的单板或薄木称为表板，可增强板材的纵向强度和表面装饰性；表板与芯板之间的单板称为中板，中板纤维方向与表板相互垂直，可以使板材具有较好的横向强度和表面平整度。细木工板强度高，尺寸形状稳定性好、握钉力强，易加工，容重与实木相当，吸水厚度膨胀率小，是优质的家具结构用材。与实木拼板比较，细木工板结构尺寸稳定，不易开裂变形，可以有效利用边材小料，节约优质木材，横向静曲强度高，板材刚度大。与胶合板比较，细木工板原料要求不高，成本较低。与纤维板和刨花板比较，细木工板握钉力好，生产工艺简单，能耗少，机加工性能优良。当前，随着人们审美意识的改变，很多制造商把不加中板和表板的细木工板（芯板）直接加工用于家具部件，取得了很好的市场效果。这种细木工板把一定规格剔除了缺陷的小木条两端开疏齿榫施胶指接加长，侧面平拼加宽，加压成型。家具制品表面锯齿状的指接榫成为优美的装饰纹路，颇受大众欢迎。

细木工板是木材本色保持最好的人造板之一，利用细木工板生产家具更接近于传统的木工加工工艺，由于具有良好的结构性能和表面装饰性能，成为室内装饰和家具工业中的理想材料。细木工板在板式家具工业中应用广泛。最普通的厚度为18～19mm，较薄的细木工板（15～16mm），或较厚的细木工板（22～25mm）也经常使用。作为家具的整板构件，可用来制作简单的直线形制品，也可用来制成流线型的新式造型家具。可以用其制作桌面、台板、侧板、柜门等。

四、作品欣赏

图4.6　人造板材的椅子

图4.7　实木仿古椅

图4.8 曲木雕塑性椅子

第二节 竹材家具

课题训练

课题内容：竹材家具

课题目的：1. 通过本节的学习了解竹材家具。

2. 掌握竹材家具的优点。

课题要求：掌握竹材家具的性能。

课题教学：1. 让学生观察自己身边出现的竹材家具，拍照并测量其基本尺寸。

2. 教师对学生所归纳整理的竹材家具的问题进行分析和点评。

3. 教师通过对相应的设计案例的分析，向学生讲解竹材家具的特点。

课题作业：绘制一件竹材的家具，包含三视图、效果图和必要的文字说明，A3版面。

一、案例解析

竹家具，作为绿色环保家具形式，兼有物质实用功能和精神审美功能，在现代室内环境中发挥着重要作用。竹材以其特殊的文化内涵、材质和结构，一定能给设计师带来更多的创意和灵感，为我国家具的发展开创新的思路。竹家具也必能以它朴实、自然的气质受到大众的欢迎。

竹子作为岁寒三友之一，枝杆挺拔，四季青翠，备受文人墨客喜爱。竹子制成的家具，更是冬暖夏凉，保有天然的纹路，极富质感，就连苏东坡都咏叹道“不可居无竹”。布拉格设计师Tadeas Podracky想来也是爱竹之人，他不愿受设计条条框框的束缚，希望能探索传统与现代的结合，便设计了如图4.9所示这款竹制单人沙发，希望将中国传统材料与工艺再次带到大家的眼前。这款沙发造型上类似于明朝时期的座椅，不过设计师希望这款沙发能以更实惠的价格应用于日常生活中。他采用新的装饰材料，坐垫则采用泡沫条，降低成本，也更加时尚。为了能对中国传统的竹子家具有更深的了解，Tadeas Podracky在中国余杭融设计图书馆对中国传统手工艺和材料进行研究，更与当地的艺术家相互切磋合作，理解然后创新。

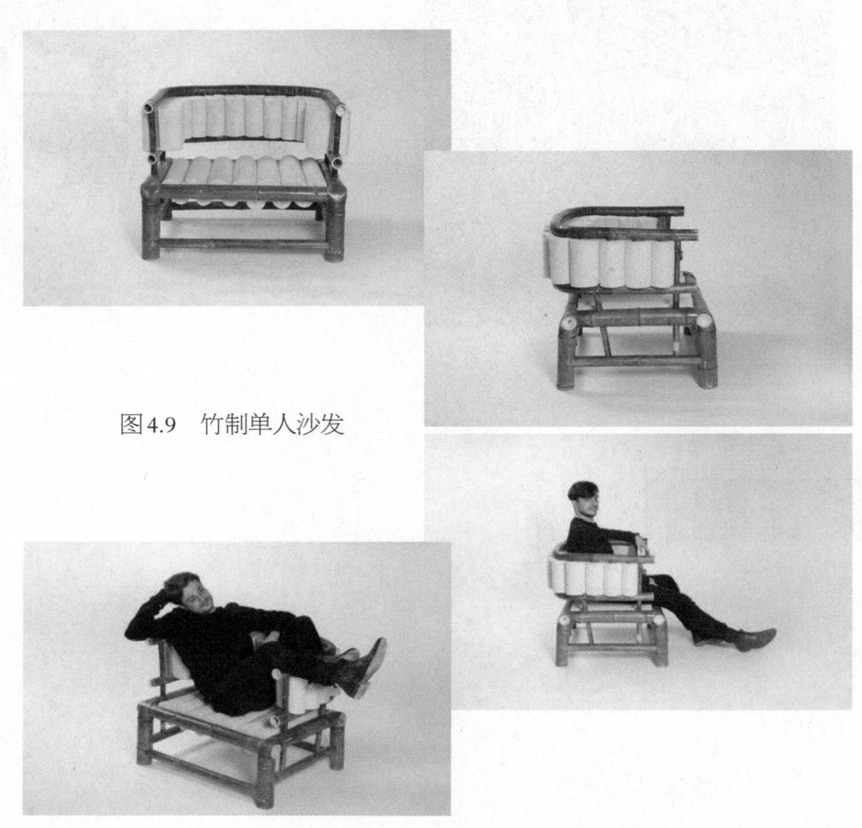

图4.9　竹制单人沙发

二、参考案例

如图4.10所示，杭州余杭区以油纸伞闻名，Tadeas Podracky便居住于此，与当地手艺人进行交流。油纸伞作为中国的传统工艺品，以涂刷天然防水桐油的皮棉纸作为伞面，手工削制的竹条伞架结构更独具特色。在这一作品中的线条中，处处可见油纸伞伞架的影子，设计师还将伞架结构进行解构重组，融入了个人风格。材料上，设计师选择中国传统的青铜，整体看起来复古又现代。在Tadeas Podracky眼中，伞有着降妖除魔的保护寓意，选用圆形表面，更代表了圆满与美好。

图4.10　“伞”桌椅系列

如图4.11所示这是一组嵯峨野竹制家具（Sagano bamboo furniture），是俄罗斯设计师Alice Minkina的作品，取名叫“嵯峨野”，因为日本的嵯峨野竹林十分出名。Alice Minkina将竹子削成条状后制成灯具、椅子和桌子，加工完成后看不出竹子材质。竹子切削后盘成圆盘，竹盘扭曲变形后，用胶水黏合后压缩，制成灯具、桌子和椅子。根据人体工学来做扭曲造型，坚韧的材质能够保证家具的稳固性，且生态环保。

图4.11　嵯峨野

三、知识链接

1. 竹家具的气质

竹子本身的性能就十分优越，许多特点都是木材所不具备的，比如说竹子的吸湿、吸热性能比木材好，比木材更坚硬密实，也不易磨损和变形，最主要的是竹本身质感高雅气派，有宁折不弯的美誉，并且竹的热导系数低，用之建房，肯定冬暖夏凉；此外竹家具还能吸收紫外线，在家中使用竹家具，可以有效地缓解人眼睛的疲劳。

2. 天然纹理

天然竹都有竹节纹，并且十分清晰美观，将其制造成竹家具，表面也有致密通直的纹理，每一条纹理都错落有致，看上去十分美观。竹家具都是使用竹集成材制造而成，而竹集成材却是天然竹经过碳化平压、碳化侧压、本色侧压、本色平压、侧压斑马纹等一系列的处理方式加工而成，绝对天然环保。

3. 物理性能

竹家具的材料只要经过一定的水热碳化处理，就可以有效地防止虫蛀和霉变，而且处理后的竹家具比木质家具的物理力学性能更加优秀，承重能力更强，因此若是两者承重能力相当，那么竹家具的成本要低很多，其家具自身重量也比木质家具更轻。

4. **造型**

现代竹家具在造型方面很有讲究，力求造型简洁明快、线条舒展流畅，并且追求功能和风格多样化。通过对材料的多种应用处理，可以使竹家具的色彩更加丰富，然后用相应的颜色打造成各种风格，可以满足不同层次、不同家庭的各种需求。

5. **环保**

天然竹是一种十分环保的材料，因此竹家具契合当下时代低碳环保理念，并且竹子的生长周期短，可持续利用，经过精心设计，不经过任何颜色处理的竹家具还有种返璞归真的感觉，给人一种质朴、古典的感觉。

6. **价格实惠**

价格方面，竹家具具有天然的优势，由于市场上竹子原材料比木材更加便宜，这一点可以从地板行业中的木地板和竹地板之间的价格比较可以看出来，一般竹家具价格大约为同款木质家具的80%左右，便宜了将近20%，由此可见，竹家具在价格方面也很有优势。

四、作品欣赏

图4.12 公共艺术性椅子

图4.13　传统竹制现代椅子

第三节　金属家具

课题训练

课题内容： 金属家具

课题目的： 1. 通过本节的学习了解金属家具。

2. 掌握金属家具的分类与特色。

课题要求： 掌握金属家具的特性。

课题教学： 1. 让学生归纳自己身边的金属家具，拍照并测量其基本尺寸。

2. 教师对学生所归纳的金属家具的问题进行分析和点评。

3. 教师通过Tolix椅、Diamond椅等设计案例的分析，向学生讲解了金属家具的特点。

课题作业： 绘制一件木质的椅子或桌子，包含三视图、效果图和必要的文字说明，A3版面。

一、案例解析

凡以金属管材、板材或棍材等作为主架构，配以木材、各类人造板、玻璃、石材等制造的家具和完全由金属材料制作的铁艺家具，统称金属家具。人们常说的“钢木家具”从专业概念理解应为金属家具，钢木家具仅是金属家具中的一个种类。金属家具可以很好地营造家庭中不同房间所需要的不同氛围，也更能使家居风格多元化和更富有现代气息。现代金属的主要构成部件大都采用各种优质薄壁碳素钢管材、不锈钢管材、钢金属管材、木材、各类人造板、玻璃、石材、塑料、皮革等。

如图4.14所示，简洁的外形，提炼出中国传统神话故事中的神兽睚眦与嘲风的外观特征，运用不锈钢材质精工细磨出现代家具，从雕塑艺术品的视角的进行设计创作，赋予其家具的使用功能，是不锈钢材质的在家具设计中的一种新的理念。九子传说睚眦是克煞一切邪恶的化身。性格刚烈，好勇擅斗，嗜杀好斗，总是嘴衔宝剑，怒目而视，刻镂于刀环、剑柄吞口，以增加自身的强大威力。俗语说：一饭之德必偿，睚眦之怨必报。睚眦传说中龙的九子之一，可避血光之灾，睚眦必报。虽无龙族呼风唤雨、腾云驾雾之能，却也傲气冲天，志在四方。能屈能伸，今自立门户，誓成大事。嘲风，不仅象征着吉祥、美观和威严，而且还具有威慑妖魔、清除灾祸的含义。嘲风本身是灾难的集合体。地震，海啸，天炎都是嘲风的力量。传说嘲风为盘古的心。常用其形状在殿角上作为嘲风的安置，使整个宫殿的造型既规格严整又富于变化，达到庄重与生动的和谐，宏伟与精巧的统一，它使高耸的殿堂平添一层神秘气氛。

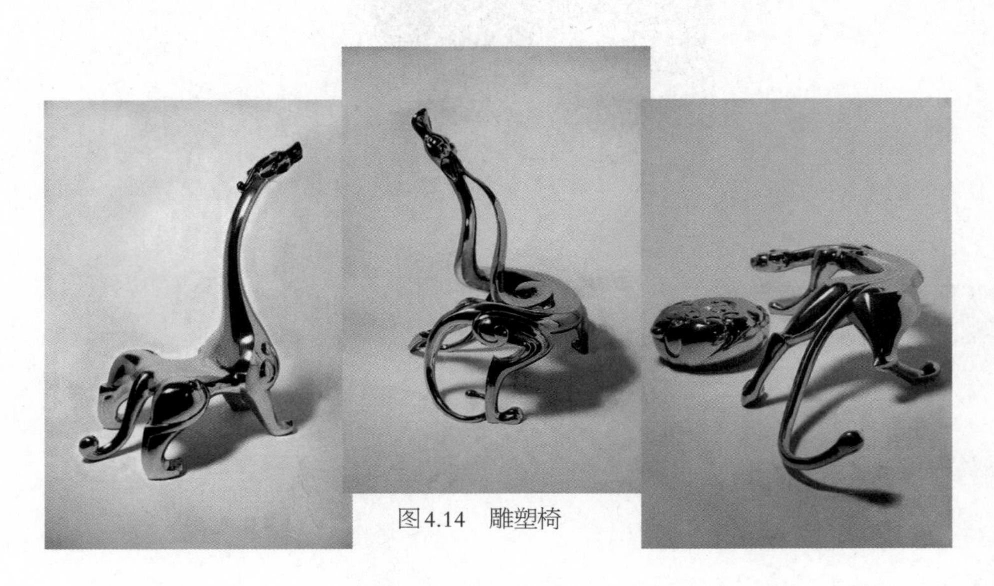

图4.14　雕塑椅

二、参考案例

如图4.15所示，这是一把有味道、有态度的椅子，是享誉世界的著名设计家具，Tolix椅（Marais A Chiar），1934年由Xavier Pauchard设计，早期是作为户外用家具设计，力图展现法式慵懒而闲适的气质，近年而来被全世界时尚设计师所宠爱，从室外扩展到家居、商业、展示等多个用途，而此椅也不负众望在各类空间中均有上佳表现，特别是近年来与混搭、乡村、美式、怀旧、北欧简约、中式等主要装修风格搭配，都呈现出独特的韵味，也被时尚界赞为“百搭第一”椅。

如图4.16所示的作品最初灵感来自设计师对道家“无为”思想的理解以及参数模化设计在建筑上的广泛应用和探索，主张减少人为干预性设计，倡导用合理的计算机语言来参与或主导设计，同时进行可行性实践，最终开发出相应的数字化加工流程，使虚拟图形转化成具体实物。是第一把具有实用价值的物件，每一个面、每一个角度都可以由用户的物理参数来改变。也借新技术把中国手工艺人推向时代前沿。

图4.15　Tolix椅

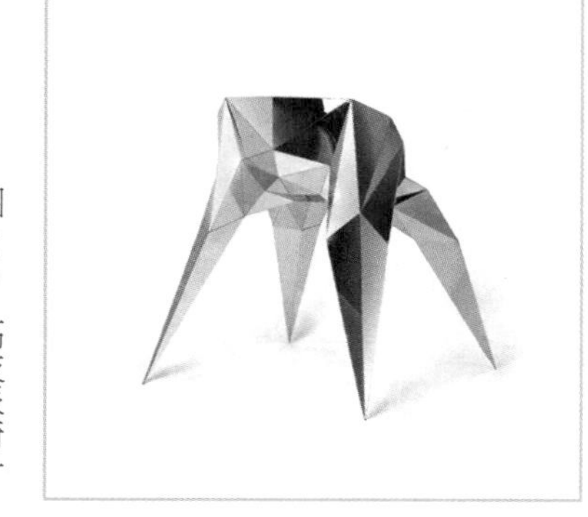

图4.16　高技派椅子

如图4.17所示，哈里·伯托埃（Harry Bertoia，1915—1978年），意大利艺术家与家具设计师。他在1952年正值37岁时，为Knoll设计了举世著名且具有专利权的Diamond椅子。这是一张美丽至极的家具典范，外表有力且优美，并在上市推出之时获得极大的成功。因为这张椅子，Bertoia在现代设计史写下一个脚注，并将工业用的金属丝线，引进家具设计的世界。

图4.17　Diamond椅

三、知识链接

金属材料的优劣势

(1) 优势

① 绿色环保

金属家具的原材料是冷轧钢板，来自矿产资源的冶炼、轧制。随着钢铁工业“绿色革命”的兴起和“零能耗”生产工艺的推广，金属材料从选用到制作过程以及用后淘汰，都不会给社会带来资源浪费，更不会对生态环境产生不友好的影响，是可重复利用、持续发展的资源产品。

② 防火、防潮、防磁

防火主要体现在金属家具能经受烈火考验，让损失减到最低程度。防潮的特点最适合南方地区。在中国广大南方地区，只要温度在摄氏12℃～14℃之间，相对湿度在60%以上，就是霉菌滋生的乐园和锈蚀的温床，珍贵的纸张文件、相片、仪器、贵重药品，以及各种磁碟胶片都有可能受潮。金属家具的防潮性可以解决人们的困扰。

③ 功能多样，节省空间

由于冷轧薄板强度较好，金属家具经过折弯工艺的加工可满足很多方面的功能需求，多屉、多门、移动、简捷等优点在不同的产品上均可以做到。此外，金属家具中许多品种具有折叠功能，不仅使用起来方便，还可节省空间。

(2) 劣势

① 质感坚硬冰冷

金属家具的原材料是铁以及这一类冷轧薄钢板，物理特性决定了钢制家具坚硬冰冷这个特点，而这种特点，与人们中意的质感温馨有背道而驰之感。因此，金属家具往往因为质感上的原因被许多人拒之门外。

② 响声较大，色调单一

金属家具使用时由于质料的天然因素，会产生人们不太喜欢的声响，在颜色上，金属家具最初也只有单一的色调。

四、作品欣赏

图4.18　雕塑式工业椅

第四节　塑料家具

课题训练

课题内容： 塑料家具

课题目的： 1. 通过本节的学习了解塑料家具。

2. 掌握塑料家具的分类与特色。

课题要求： 掌握塑料家具的特性。

课题教学： 1. 让学生归纳自己身边的塑料家具，拍照并测量其基本尺寸。

2. 教师对学生所归纳的塑料家具的问题进行分析和点评。

3. 教师通过对相应设计案例的分析，向学生讲解塑料家具的特点。

课题作业： 绘制一件塑料的家具，包含三视图、效果图和必要的文字说明，A3版面。

一、案例解析

塑料家具是一种新性能的家具。塑料的种类很多，但基本上可分成两种类型：热固性塑料和热塑性塑料。前一种是我们常见的无线电收音机、汽车仪表板等；而后一种如各种家电塑料部件、软管、薄膜等。在现代家具中就把这种新材料通过模型压成椅座，或者压成各种薄膜，作为柔软家具的蒙面料，也有将各种颜色的塑料软管在钢管上缠绕成一张软椅的。

图4.19 GENERIC.C椅子

如图4.19所示这把椅子是斯达克为Kartell设计，对于椅子的探索，觉得最好更加简洁、优雅，即使是一些细小的结构也都是为了更加舒适，斯达克在设计时考虑的更多的是在保证舒适的同时，更加简单。虽然是塑料材质，拥有优雅的线条设计也不会显得廉价。

二、参考案例

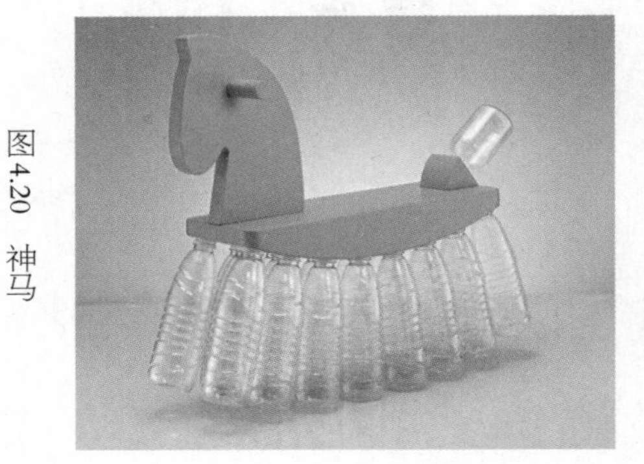

图4.20 神马

如图4.20所示的“神马”是由收集回来的废弃饮料瓶改造而成的摇摇木马，利用密集平均受力的原理，巧妙地将塑料瓶结合在木马上，重新赋予它们新的生命。木马的主要部分是细细打磨的实木，底部配有23个孔，可以通配市面上大部分的饮用水瓶。结构非常结实，可供2～10岁的小孩子使用。“摇摇木马”鼓励家长和小朋友一起收集用过的塑料瓶，并且一起安装和美化木马，通过在瓶子里放入不同颜色的装饰品或颜料，DIY属于自己的木马，用最自然有趣的方式来实践绿色生活方式。“神马”以充满童趣和幻想的方式让人们知道，原来花点心思，环保也可以很时尚，很有创意。

如图4.21所示，夏天空调可以让夏天有一丝丝凉意，不过Kartell spa公司却从另一个角度让夏天变“凉”。因此他们设计了这款Uncle Jack沙发。这款沙发采用聚碳酸酯塑料设计而成，因此它的透明度非常强，看上去就像玻璃一样；不过从触感上来讲，并不像玻璃一样硬邦邦的，而是在保证坚固性的同时保证了柔软性和舒适感。沙发由一块重达30公斤的聚碳酸酯塑料制作而成，整体长190厘米，设计成微微弯曲的形状，打造出一个具有流线型的沙发。这款沙发有水晶色、白色和黑色三种颜色，因为它具有非常强的气候适应性，所以夏日里一款白色或是水晶色的沙发摆在家里，既能够点缀室内的氛围，还可以营造出一个凉爽的环境。

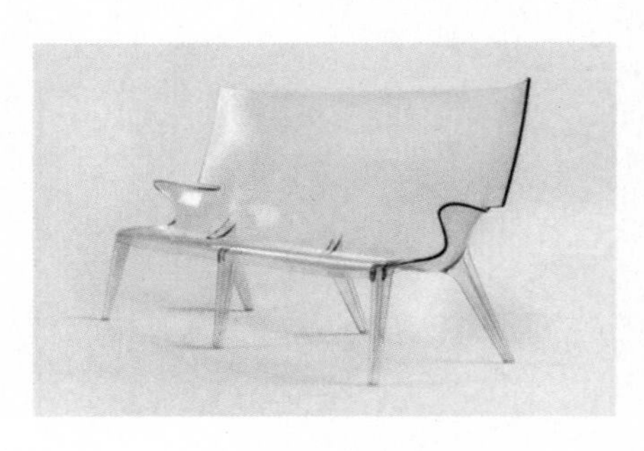

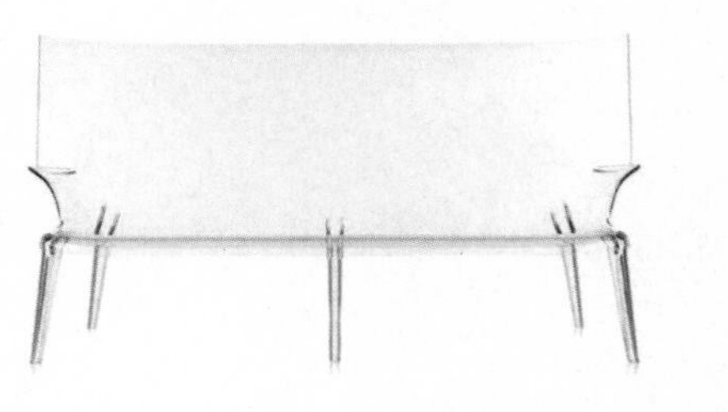

图4.21 Uncle Jack沙发

三、知识链接

塑料是以合成树脂为主要成分，适当加入填料、增塑剂、稳定剂、润滑剂、色料等添加剂，在一定温度和压力下塑制成型的一类高分子材料。合成树脂是人工合成的高分子化合物，是塑料的基本原料，起着胶粘作用，能将其他组分胶结成一个整体，并决定塑料的基本性能。添加剂的加入，可改善塑料的某些性能，以获得满足使用要求的塑料制品。

塑料材料的优点：

① 色彩绚丽线条流畅

塑料家具色彩鲜艳亮丽，除了常见的白色外，赤橙黄绿青蓝紫……各种各样的颜色都有，而且还有透明的家具，其鲜明的视觉效果给人们带来了视觉上的舒适感受。同时，由于塑料家具都是由模具加工成型的，所以具有线条流畅的显著特点，每一个圆角、每一个弧线、每一个网格和接口处都自然流畅、毫无手工的痕迹。

② 造型多样、随意优美

塑料具有易加工的特点，所以使得这类家具的造型具有更多的随意性。随意的造型表达出设计者极具个性化的设计思路，通过一般的家具难以达到的造型来体现一种随意的美。

③ 轻便小巧、拿取方便

与普通的家具相比，塑料家具给人的感觉就是轻便，你不需要花费很大的力气，就可以把它轻易地搬拿，而且即使是内部有金属支架的塑料家具，其支架一般也是空心的或者直径很小。另外，许多塑料家具都有可以折叠的功能，所以既节省空间，使用起来也比较方便。

④ 品种多样、适用面广

塑料家具既适用于公共场所，也可以用于一般家庭。在公共场所，你看见最多的就是各种各样的椅子，而适用于家庭的品种则不计其数：餐台、餐椅、储物柜、衣架、鞋架、花架。

⑤ 便于清洁、易于保护

塑料家具脏了，可以直接用水清洗，简单方便。另外，塑料家具也比较容易保护，对室内温度、湿度的要求相对比较低，广泛地适用于各种环境。

四、作品欣赏

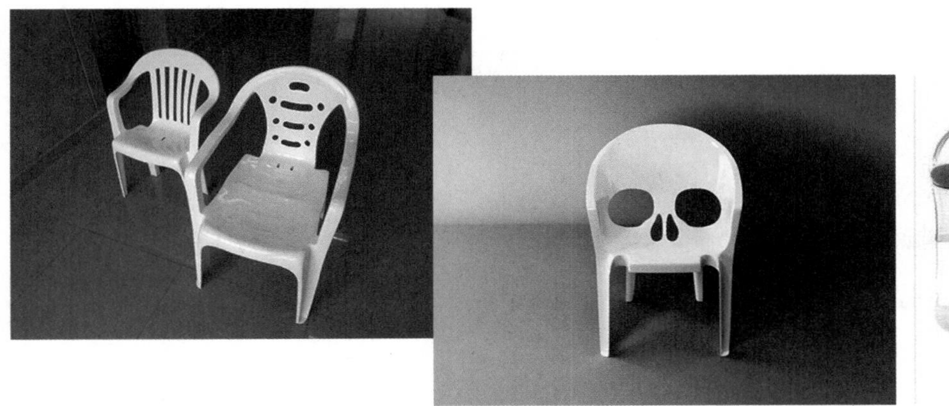

图4.22　各类型塑料椅

第五节　玻璃家具

课题训练

课题内容： 玻璃家具

课题目的： 1. 通过本节的学习了解玻璃家具。

2. 掌握玻璃家具的分类与特色。

课题要求： 掌握玻璃家具的特性

课题教学： 1. 让学生归纳自己身边的玻璃家具，拍照并测量其基本尺寸。

2. 教师对学生所归纳的玻璃家具的问题进行分析和点评。

3. 教师通过man machine系列、“Shimmer”桌子等设计案例的分析，向学生讲解了玻璃家具的特点。

课题作业： 绘制一件玻璃的家具，包含三视图、效果图和必要的文字说明，A3版面。

一、案例解析

玻璃家具一般采用高硬度的强化玻璃和金属框架，其透明清晰度高出普通玻璃的4~5倍。高硬度强化玻璃坚固耐用，能承受常规的磕、碰、击、压的力度，完全能承受和木制家具一样的重量。用20毫米甚至25毫米厚的高明度车前玻璃做成的家具是现代家具装饰业正在开辟的新领地。高硬度强化玻璃的特点，将逐渐打消消费者以往的顾虑，而更被这种由高科技工艺与新颖建材结合而成的新潮家具所演绎出的一派现代生活的浪漫与文化品位所深深吸引。玻璃家具的常用常新也是受到青睐的一个重要因素。

如图4.23所示，2015年度最佳设计师分别被德国工业怪才Konstantin Grcic和西班牙女设计师Patricia Urquiola获得。Grcic总是能将实验性的想法落地成实，并充分适应工业化生产。比如他2014年带来的man machine系列，包括椅子、书柜等一系列产品——几乎全部采用玻璃制成，通过附加的活塞等固件来维持玻璃的平衡，适应使用的需要。

图4.23　man machine座

二、参考案例

如图4.24所示，法国设计多面手Phillippe Starck为德国卫浴品牌Hansgrohe设计的这款水龙头问世后一直被热烈讨论，首先当然因为它透明的

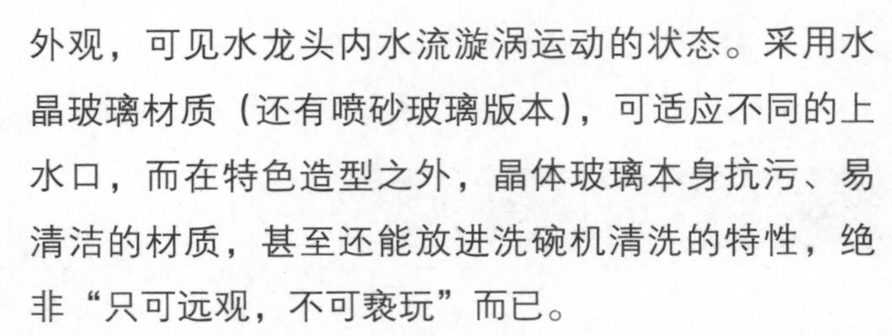

图4.24 Axor Starck V水龙头

图4.25 “Shimmer”桌子

图4.26 五彩缤纷的椅子

外观，可见水龙头内水流漩涡运动的状态。采用水晶玻璃材质（还有喷砂玻璃版本），可适应不同的上水口，而在特色造型之外，晶体玻璃本身抗污、易清洁的材质，甚至还能放进洗碗机清洗的特性，绝非“只可远观，不可亵玩”而已。

如图4.25所示，2015年度设计师获得者Patricia Urquiola，在以男性为主导领域的设计界，她无疑闯出了一片领域。2014年，Urquiola带来的一系列新产品让人看到她更多对材料的探索，包括为Mutina创作的一系列瓷砖，或为B & B Italia以创新结构打造、极度舒适的座椅等产品。Patricia Urquiola为Glas Italia设计的“Shimmer”桌子本身的玻璃材质会根据周围光线产生色彩变化。

如图4.26所示，意大利的设计公司Glas Italia设计了一款五彩缤纷的椅子，椅子由超轻的复合玻璃经过高温焊接工艺制作而成，椅子腿采用吹制玻璃制作而成，整个椅子呈现嵌套的设计，看起来非常抢眼。另外，最外层的玻璃采用透明的设计，加上不同的玻璃颜色，看起来既透明又五彩缤纷。这款椅子是为有孩子的家庭独家设计的，它可以吸引孩子的注意力，增强孩子的集中时间；除了当椅子之外，它还可以作为一款小桌子来用。

如图4.27所示，小时候，一本本故事书带给了我们无穷惊喜，齐天大圣可以72变，白雪公主的身边有7个小矮人，丑小鸭可以变成白天鹅。长大之后，我们几乎不会再去重读这些故事，它们也许在我们的记忆宫殿里的角落里积满了灰尘。可是来自

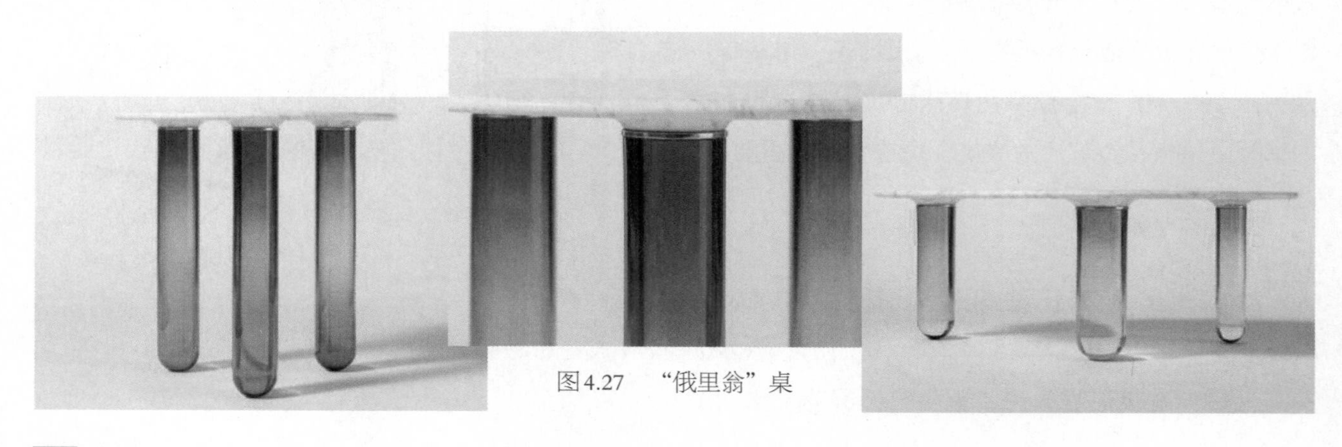

图4.27 “俄里翁”桌

瑞士的设计师Ini Archibong却将小时候阅读的神话人物和圣经故事用自己的设计再次演绎出来。这些幻想的元素正是这两款桌子的灵感来源，Ini Archibong用这些颜色表达了幻想中神奇的经历。“俄里翁”桌（Orion table）的灵感来源于希腊神话人物俄里翁，他是一名猎人，同时也是海神波塞冬的儿子，他可以在海上行走，狂暴的脾气使得他的经历总是鲜血淋淋，设计师便用红到蓝的颜色梯度来展现这一人物，正像是血液滴入大海。

三、知识链接

1. 功能

在居室面积较小的房间中，最适于选用玻璃家具，因为玻璃的通透性，可减少空间的压迫感，过去人们总认为玻璃家具使人没有安全感。如今，尤其用于家庭装饰的玻璃材料不仅在厚度、透明度上得到了突破，使得玻璃制作的家具兼有可靠性和实用性，并且在制作中注入了艺术的效果，使玻璃家具在发挥家具的实用性的同时，更具有装饰美化居室的效果。

2. 常用玻璃种类

玻璃板：玻璃片加以磨光及擦亮，使之透明光滑，即为玻璃板，高级玻璃板表面不具波纹，所说的清玻即是以高级玻璃板制成。

弯曲玻璃：将玻璃置于模具上加热后依玻璃自己本身之重量而弯曲，再经徐冷后而制成。

有色玻璃：有色玻璃即是含有金属氧化物的玻璃，不同的金属氧化物使玻璃具不同色彩，所说的茶玻是含有二氧化铁的玻璃。

玻璃镜：为高级玻璃板制成，表面无波纹，适用于橱柜之背镜及立镜等。

强化玻璃：将平板玻璃加热接近软化点时，在玻璃表面急速冷却，使压缩应力分布在玻璃表面，而引张应力则在中心层。因有强大均等的压缩应力，使外压所产生的引张应力，被玻璃的强大压缩应力所抵销，增加玻璃使用的安全度。强化玻璃之强度约为普通玻璃的5倍。当玻璃被外力破坏时，成为豆粒大的颗粒，减少对人体的伤害。可耐温度之急速变化（例5mm强化玻璃，约可耐200度范围之温度变化）。

立体玻璃：在平板玻璃表面采用喷涂工艺配以相关技术制成，适用于餐桌、橱柜门等。

分类：

在玻璃制作与家具当中有很多种分类，从通透感、色感、功能上分很多种，以下简单介绍几种：

普通玻璃：这个不解释了。

磨砂玻璃：一面沙颗粒状，一面普通玻璃状，半通透。

雾化玻璃：玻璃上显得有一层薄雾，优点是不吃手印，易擦洗。

乳化玻璃：玻璃边为普通玻璃，大致有半厘米的样子，中间部分和雾化玻璃相似，白雾色，优点是能够隔离射线。

拉丝玻璃：颜色偏绿白，优点是不吃手印，配合金属质感家具显得很现代。

夹胶玻璃：玻璃中间会有夹胶，当然这是你肉眼无法从外面能看见的，不透明，优点是强度很高，锤子都砸不碎，一般做床头用，当然造价也高。

金属玻璃：金属颗粒柔和玻璃材质，强度很高，造型一般也很独特。

四、作品欣赏

图4.28 各式一体成型玻璃椅

第六节 软体家具

课题训练

课题内容：软体家具

课题目的：1. 通过本节的学习了解软体家具。

2. 掌握软体家具的分类与特色。

课题要求：掌握软体家具的特性。

课题教学：1. 让学生归纳自己身边的软体家具，拍照并测量其基本尺寸。

2. 教师对学生所归纳的软体家具的问题进行分析和点评。

3. 教师通过“W”沙发等设计案例的分析，向学生讲解软体家具的特点。

课题作业：绘制一件软体的家具，包含三视图、效果图和必要的文字说明，A3版面。

一、案例解析

软体家具主要指的是以海绵、织物为主体的家具。例如沙发、床等家具。软体家私属于家私中的一种，包含了休闲布艺、真皮、仿皮、皮加布类的沙发、软床，是现代家私分类更为明细的一种家私类型。软体家私的制造工艺主要依靠手工工艺，主工序包括钉内架、打底布、粘海绵、裁、车外套到最后的扪工工序。目前软体家私行业在北京、香河、成都、广东等地已经形成较大的生产基地。

如图4.29所示中的这款巨大的“W”形沙发名为Walter Knoll，是以设计师自己的名字命名的，其体形磅礴，但整体曲线优美动人，一气呵成。在颜色上，黑色与橙色的搭配既稳重又不失活泼，而符合人体设计的靠背弧度体现的则是设计的“体贴”。只是，如此巨大的连体沙发，得需要一个宽绰的大空间才能摆放。

图4.29 Walter Knoll

图4.30 气球椅子

二、参考案例

如图4.30所示，受法国电影《红气球》(Le Ballon Rouge，1953）的影响，日本h220430设计工作室设计了一款气球椅子，看上去像是用气球把椅子吊在了空中。当然用普通气球是吊不住椅子的，这十个气球其实是用纤维增强塑料做成的，非常结实，既不会漏气，也吹不起来，当然也不会漂浮。椅子用钢材、皮革、聚氨酯塑料等材料做成，也不会漂浮。气球和椅子都固定在墙上，气球和椅子之间通过线连接，造成一种气球吊起椅子的假象。即便如此，当你坐在这样一把椅子上的时候，心里还是会充满美好的景象，不是吗?

如图4.31所示这款沙发是Océane Delain专为Bernhardt Design参与该展会设计，这款沙发从外形上看很舒适，重点在于内部的海绵填充，海绵泡沫被内置的网格线固定，即使凹陷，也会迅速恢复原状，可以保证舒适感。

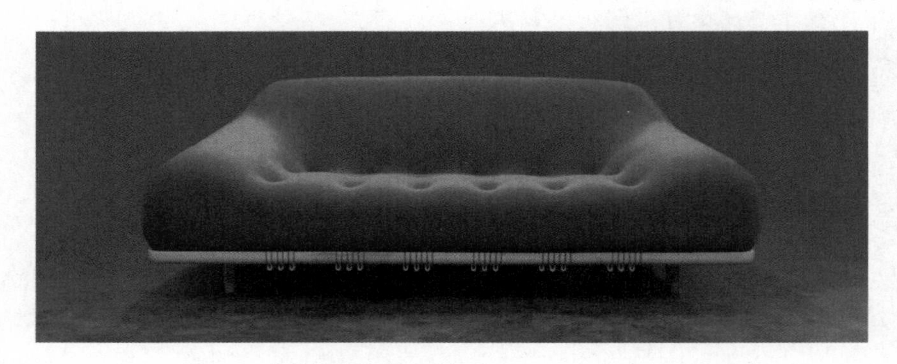

图4.31　MELLOW沙发

如图4.32所示，不管是“气垫”式沙发还是椅子，都是由内部结构框架构成，这种固定结构让家具整体看起来好像是充了气一样，但实际上内部填充的是灵活的垫料。“冰山沙发”打破这一常规，其是一款具有冰山形态的“充气式”家具，而这个项目目前仍在原型设计阶段，沙发的不对称形和手工工艺解构了设计的“冰山”形态。

图4.32　充气式airberg冰山沙发

三、知识链接

1. 软体家具类型

软体家具主要指织物、皮革、海绵、羽绒、棉花、软质合成纤维等材料制成的像沙发、座椅、床垫等外形具有不定性和可塑性的一种家具类型。软体家具包括的类型涉及日常起居的坐具和卧具两大主要类型，是最基本的家具，其功能正在朝复杂化和多功能化发展。在当代，软体家具则朝更多的领域发展，很多类型的家具都出现软体的类型。

2. **软体家具制作工艺**

家中最常见的软体家具通常就是指沙发或者沙发床。当代软体家具制造工艺有多种，视家具品种和使用的材料类型而定。如用弹簧加海绵为软体材料的制作工艺不同于用海绵的制作工艺，床垫制作也区别于沙发制作并成为一种专门技术。单纯的海绵作为软体材料的软体家具制作工艺流程如下：

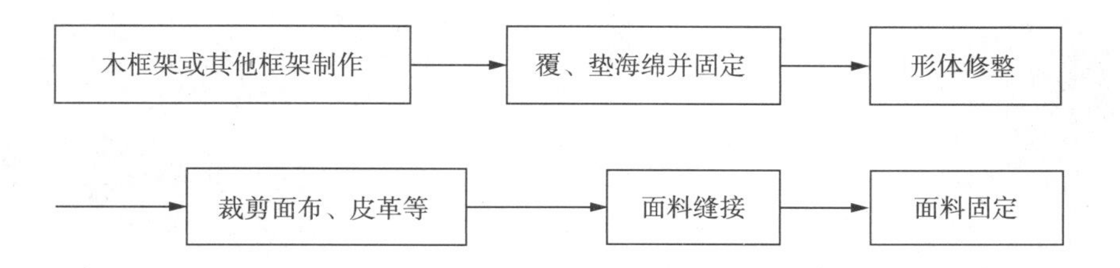

用木框架或其他类型的框架塑造家具的大体形象，充分考虑家具的受力情况，使用支撑部位、受力较大的部位均有框架承担。按照设计的形状和尺寸要求裁剪海绵，并通过修切、粘贴等手段对海绵的形状进行精确修整，用胶黏剂将海绵固定在框架上或者直接将海绵铺放在框架上。设计面料组合方式并剪裁面料，按软体部位将面料缝接成整体。将面料固定在框架上，最后的收口处理应选择在使用时的不可见部位（如沙发的背部）或次要部位。用弹簧和海绵相结合来制作软体家具是一种经典传统工艺类型，其制作工艺流程如下：

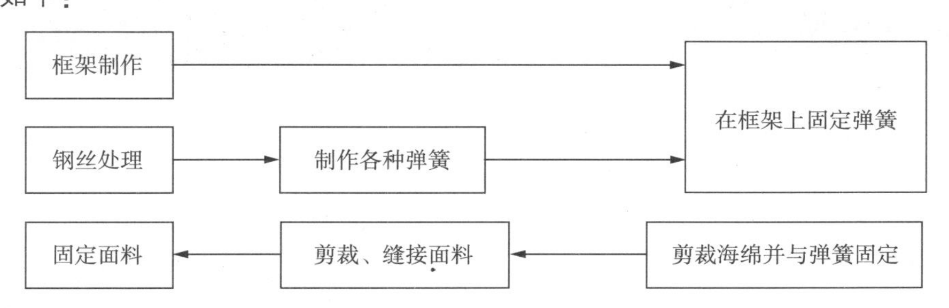

四、作品欣赏

图4.33　懒人沙发椅

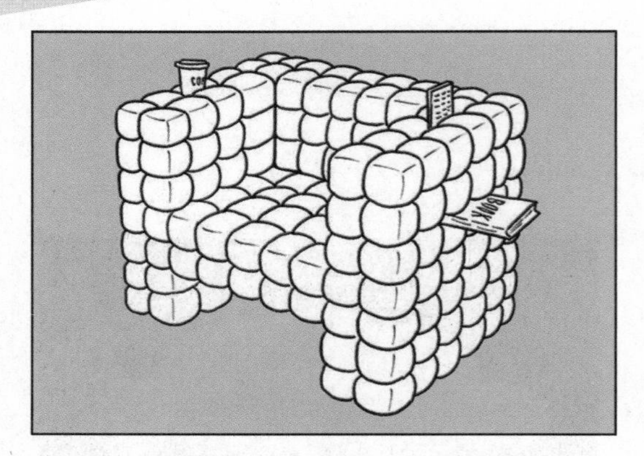
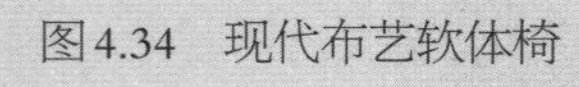

图4.34　现代布艺软体椅

第七节　石材家具

课题训练

课题内容：石材家具

课题目的：1. 通过本节的学习了解石材家具。

2. 掌握石材家具的分类与特色。

课题要求：掌握石材家具的特性。

课题教学：1. 让学生归纳自己身边的石材家具，拍照并测量其基本尺寸。

2. 教师对学生所归纳的石材家具的问题进行分析和点评。

3. 教师通过“ten”扶手椅和“ci”坐几等设计案例的分析，向学生讲解了石材家具的特点。

课题作业：绘制一件石材的家具，包含三视图、效果图和必要的文字说明，A3版面。

一、案例解析

石具制作的家具主要有：天然大理石，人造大理石，树脂人造大理石。天然大理石色彩自然，环保；人造大理石色彩丰富，不耐磨；树脂人造大理石品种多，色彩逼真，适合装饰任何场所的物品。

如图4.35所示深泽直人以天然石材与名贵的木料相结合，实现了他为driade创作的“ten”扶手椅和“ci”坐几。“ten”（日语“天空”的意思）是一个宽敞的座椅设计，靠背适度倾斜，上面装有可拆洗的布艺软饰或固定的皮革外罩。另一方面，“ci”（日语“大地”的意思）是一张低矮的坐几，桌面采用圆形卡拉拉白色大理石板。支撑两件作品的桌（椅）腿均由黑檀色的欧洲白蜡木或天然桃花心木制成，为该系列增添了一抹暖色。从古典风格到都市氛围，“ten”和“ci”搭配形成的休息区可以和谐地融入任何式样的室内空间。“ten”扶手椅宽76×深80×高75cm。“将小扶手椅命名为‘ten’（日语天空）后，我想桌子命名为‘ci’或许比较自然，借指大地的表面。‘ten’和‘ci’，天空与大地，它们之间的联系是与生俱来的”。深泽直人为driade创作的“ten”与“ci”在2016米兰家具展上展出。

图4.35　“ten”扶手椅和“ci”坐几

二、参考案例

图4.36　摇摆桌

图4.37　米兰印象

图4.38　公共休闲座椅

如图4.36所示，Marsotto Edizioni是来自意大利的家具品牌，专门从事大理石家具设计，他们的产品往往将古老传统的手工技术与现代创新的生产系统相结合。大理石高贵典雅，但“重量”却是其一大诟病。不过这事到了Nendo手上却成了优点，不信你看他们为Marsotto Edizioni设计的“摇摆”（sway）桌。倾斜的桌子总给人摇摇欲坠的感觉，可是搭配上大理石可就完全不一样了。这款“摇摆”桌整体倾斜向一边，尽管它看上去不那么稳定，但是玄妙之处在于桌腿重量的分布，在倾斜方向一侧的桌腿密度更大，重心也便更稳。这款桌子将笨重的大理石材料演绎出动态和灵活，摆放在家中也会增添几分趣味。有高、低两种版本，黑白两色可选。

如图4.37所示，设计师通过人对城市的感知，米兰到杭州到中国香港再到米兰，然后再循环，不断的时空交错促使我脑子里一直存在着一个挥之不去的idea——米兰印象。也是现在我对这个世界的印象。历史的米兰是一个彻底被工业革命所影响的城市，但如今，其努力地想抛掉大家所追求的现代城市的感觉。意大利是个用石头建造的国家，但那些冷漠的石头并不显着冷漠的原因，是充斥着很多温暖的设计。米兰，一直让你感觉是个矛盾的城市，冷冰冰的石头和温暖的室内设计，古老的早就褪了色的建筑和时尚女装，昏暗的地铁和红黄绿鲜艳的墙面，这一切发生在同一座城市。关于设计首先用钢筋构造了椅子的基本结构，然后做模具，将水泥和钢筋浇筑在一起，最后用内嵌海绵的织物做垫子。椅子分成两部分：一部分用来接触人的身体，另外一部分用来支撑人的身体。第一部分需要的是温暖舒适，另一部分需要的是坚固。这一对矛盾，也正是米兰给我的印象。

如图4.38所示，单方向的“四方延续”可以解决露天舞台演出时要单独设置座椅的问题，没有演出时收起“四方延续”又满足广场的休闲空间需求。而向“四方延续”的座椅可以广泛应用于社区、公园，中间的桌面不仅可以防止雨水淋湿椅面，还可以进行棋牌娱乐。

三、知识链接

石材是大自然鬼斧神工造化的，具有不同天然色彩的一种质地坚硬的天然材料，给人的感觉高档、厚实、粗犷、自然、耐久。

天然石材的种类很多，在家具中主要使用花岗岩和大理石两大类。由于石材的产地不同，故质地各异。在家具的设计与制造中天然大理石材多用于桌、台案、几的面板，发挥石材的坚硬、耐磨和天然石材肌理的独特装饰作用。同时，也有不少的室外庭院家具，室内的茶几、花台也是用石材制作的。

人造大理石、人造花岗岩是近年来开始广泛应用于厨房、卫生间台板的一种人造石材。以石粉、石喳为主要骨料，以树脂为胶结成型剂，一次浇铸成型，易于切割加工、抛光，其花色接近天然石材，抗污力、耐久性及加工性、成型性优于天然石材，同时便于标准化部件化批量生产，特别是在整理厨房家具整体卫浴家具和室外家具中广泛应用。

四、作品欣赏

图4.39　现代简约石材桌椅

本章思考与练习

自行测量宿舍内的家具，画出简单的透视图和三视图，并标明尺寸和使用材料。并按照国家相关标准，看尺寸是否在国标范围内，家具材料是否使用合理，并简要说明是否可做改进以及如何改进。

第五章　感性人类与家具造型设计

◆ **学习要点及目标**

1. 了解感性与知觉的基本概念。
2. 掌握家具造型设计法则，了解家具文化特征的表现形式。
3. 通过对人的感性知觉认知概念的理解，依据家具造型法则的原理，进行独立的家具设计创作。

◆ **核心概念**

知觉要素；美学造型法则；家具文化特征

感性造型方法是以现代美学为依据，采用自由而丰富与感性意念的有机形体为主所涉及的家具造型，这种造型感觉来源于自然形象，由某种外形而引起的心理上的暗示，也是由生活经验和自然环境技法所兴盛的一种联想。其特点是自由发挥意念，不拘泥于例法。如图5.1所示，乐山居沙发，山和水是传统中国画中最常见的元素，山代表了毅力和生命力，“乐山居”把中国传统的山水画意境融入现代的生活趣味之中，把中国古典的美学符号与现代简洁明快的设计风格相融合。造型既端庄典雅，又圆润可爱，让人觉得十分亲切，愿意与之产生互动。坐垫柔软，坐感舒适。小山形状的靠垫是独立的模块，可以根据个人使用需要，随意移动。使用者可以通过调节山形靠垫的位置来自由变换使用的姿势，可以坐下来与朋友聊天，也可以躺着放松休息。乐山居同时兼具沙发、躺椅和床的功能。产品的造型曲线和软硬程度，经过严谨的人体工程学实验。力求为使用者提供一种最科学舒适的使用体验。通过使用者与产品的互动，体现了人与自然和谐共存的思想，符合中国道家思想中天人合一的理念，表现了人对自然环境的关爱，以及自然对人类的包容。

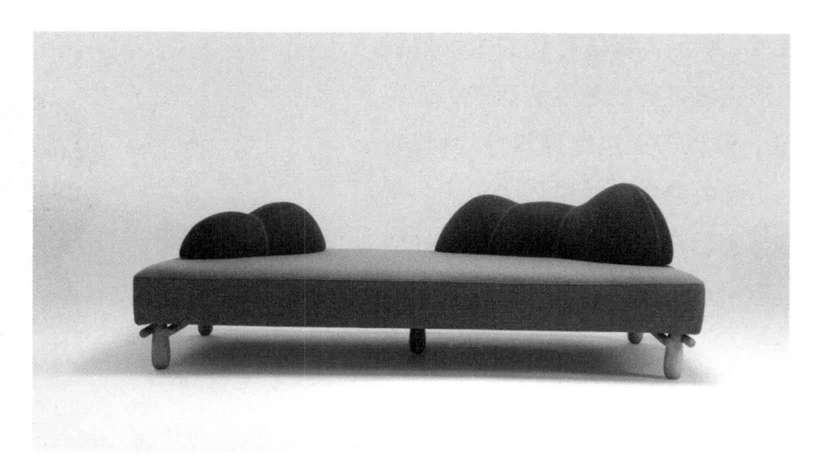

图5.1　乐山居沙发

第一节　知觉要素

课题训练

课题内容： 家居知觉要素

课题目的： 1. 通过学习本章节的内容了解家具知觉要素

2. 掌握家具知觉要素的要点

课题要求： 了解并掌握家具知觉要素及其应用

1. 让学生自己收集家具素材，并依照知觉要素寻找出家具的优缺点

2. 教师对学生归纳的家具进行点评

3. 教师通过风扇椅、天鹅椅、花瓣沙发及球椅向学生强调家具知觉要素的要点。

课题作业： 绘制一张运用了知觉要素法则的桌子，包含三视图、效果图和必要的文字说明，A3版面。

一、案例解析

感性因人的感觉分析器不同可分为视觉、听觉、嗅觉、皮肤感觉肤觉、运动觉、机体觉、平衡觉等，生物学神经学已经早就揭开了各个感觉的特征。人们在使用产品时必然会对产品产生感受性，在信息化时代，这种“感性”能力尤为重要，它包括感受信息和交换信息的能力，即从复杂的外界刺激中，抽取所需信息的能力和将自己的信息通过一定的方式准确传递给他人的能力，这是一种互动和双向的能力。

知觉之感觉的感受性，“感性”可诠释为人对物品所持的感觉或意象，是对物品的一种心理上的期待和感受，主要存在于外界刺激传送至感觉器官后所产生的感觉、知觉、认知、情感、感动、表现等一连串人与产品相互作用的流程中，“感性”自始至终都以人的各种感觉和心理为中心，从而使产品设计由单纯的物的意义上升为物与人的能动关联的范围。它的意味是感觉的能力、直观力以及感受性等，是在实践中外界事物作用于人的感觉器官而产生的感觉、知觉和表象等直观认识。它所寻求表达的是与人的经验类似的东西。如图5.2所示，错落有致的石块堆积的沙发造型，基于人对自然世界的基本的认知，让人产生抵触的心理错觉。设计师通过选择软性的材料，使人的视觉与材质的实际的触觉产生强烈的对比。基本认知所传递的信息与实际产生的效果，是该设计的难能可贵之处。

二、参考案例

如图5.3所示，通过人的主观意识的认知对中国传统的席地而坐的“席”的印象进行创作设计，将席的材质以坐的方式特征表现出来，在视觉上给予一定的冲击力。其作品寓意，“坐”，古指双膝跪地，把臀部靠在脚后跟上，后泛指以臀部着物而止息。“坐”是动作，承载对象是“物”，目的是“止息”。“承”灵感来源于托举的手，像父母抱着婴儿时手托住臀部的状态，这也是我们第一次对“坐”的感知。采用传统的木艺榫卯和竹编工艺，“承”更多的是传承，对生命、对传统工艺的传承。

如图5.4所示，巴西设计师humberto damata围绕纬纱技术设计制作了“cloud collection”，一系列彩色线条相互交织，创造了新的视觉印象和触觉体验。设计师的灵感来源于织物的图案——如何用三维的方式创造一种全新的条纹织物？这种编织技术曾用于多种物件上，例如篮子和天然纤维，但都依照正交的网格排列方式。cloud collection用一种不规则的形式取代了传统的交叉编织，创造了一种更加有趣独特的形式，而布料上的细条纹印刷图案更是强调了这一特点。Collection编织家具均是手工制作，缤纷的色彩让人心生愉悦，独特的编织纹理让人眼前一亮。

如图5.5所示，这是一把表面上由三把宜家的“亨利克”组成的公共坐具，起初在看到“亨利克”的时候，我感受到椅子表面的两种材料带给我的一种束缚与被束缚的感受，如果这种感觉可以分裂呢？由三把“亨利克”组成的椅子出现在我的脑海中，每把椅子互相交叉，需要入座时，把椅子拉出坐下即可，起身时一个推力即可收回，推拉的过程中椅子腿会和

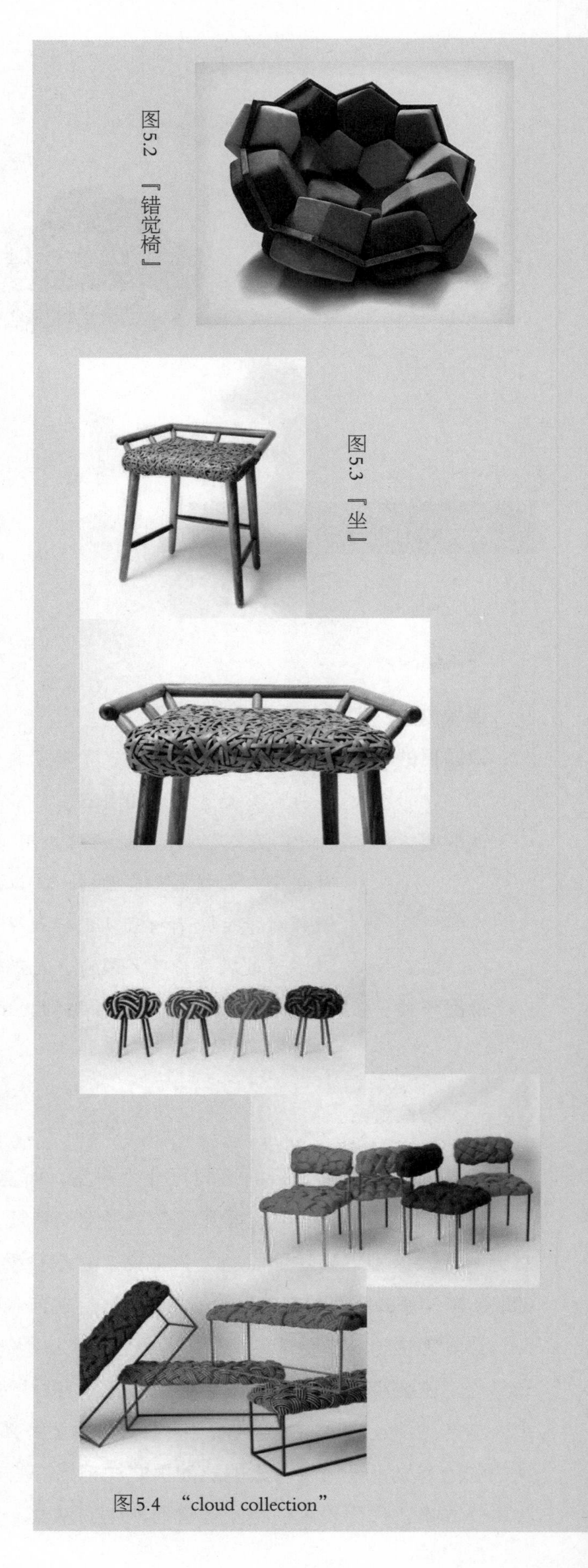

图5.2 『错觉椅』

图5.3 『坐』

图5.4 “cloud collection”

图5.5 “亨利克”组成的公共坐具

图5.6 “安逸椅”

图5.7 “童年椅”

底面摩擦发出“吱”的声音，如此一来这个分裂的过程就是痛苦的，好比人与群体的关系。作品的材质：椅腿以椅子内部结构为实木，座位表面为弹性较好的莫代尔，并有填充的靠背和坐垫。

如图5.6所示，逃避既为一种自我封闭行为，这种行为是多变的，时而有趣时而消极，时而安逸时而又不可捉摸，在这种特定的心境和心理条件下，这样的坐具设计决定了这样被“保护”的坐能够使产品成为使人类心灵能够得到安宁的避风港。该坐具具有两种使用形态，一种为张开状态，一种为封闭状态。封闭时，不但能够让使用者在各种心境和心态的情况下都得以休息、得以安宁、得以治愈。

如图5.7所示，家具从感性的角度，从对生活在农村的回忆，以及现在身处都市生活的感受，对儿时的回忆的思乡情结，从作为女儿到身为人母后再回到出生的地方感触更多。从老屋的一些旧物件感触思绪回到儿时温暖美好的回忆出发。家具的造型整体协调，曲线造型有序和谐，比例匀称，产生优美的视觉效果，并与完善的功能相统一。

三、知识链接

设计心理学研究表明，知觉经验是来自于被观察对象的客体属性和观察者的主体属性，这些属性就是影响知觉的因素。从被观察的客体的角度上来说，物体的形态、表面状态都是使人有瞬时的知觉反应的因素，我们称为影响知觉的客体属性。从观察者的主体角度上来说，影响观察的因素不仅仅是知觉能力，观察者对任务的理解、对任务的期待和动机、对信号的注意程度、知觉疲劳和其他环境因素也都会产生影响，其被称之为影响知觉的主体因素。

1. 实体造型知觉

形状是最基本的视觉信息，人感知三维形状主要是由实体对象引起的。玛尔用计算机程序模拟了对形状的三维知觉过程，得出的结论是人感觉到的形状、灰度和颜色，而获得的却是对行动有意义的实物。物体的形状是知觉首先反应的，是由家具的边界线即轮廓所围合成的呈现形式。家具外轮廓主要是视觉可以把握的家具外部边界线，而家具内轮廓是指家具内部结构的边界线。家具之形是相对于空间而存在的，家具形之美是空间形态和造型艺术的结合。家具与人体所熟悉的事物对比产生的尺寸印象，是一种造型知觉。就家具造型的尺度而言，低而宽的比例给人稳定、外形流畅的感觉，

2. **行动意向知觉**

知觉不仅是人的一种感应，同时也将完成知觉系统提示下的动作。如果一个行动的目的意图是通过知觉系统去觉察，而且知觉能力、知觉技能和相应的知觉信息的正确处理过程是完成行动的关键，那么这个行动就叫知觉行动。在知觉用品外观设计中的主要问题是认为知觉用品外观设计的唯一思考方式是制造“视觉冲击”，过分强调“知觉冲击”就会造成视觉疲劳和污染。设计首先应当符合用户的知觉意向。产品设计的核心考虑首先是满足知觉特性和知觉愿望。

3. **整体结构知觉**

家具的知觉功能是靠物质来实现的，而物质又受到结构、材料、工艺和经济性的制约。因此，家具知觉功能中的设计心理学应用主要是从结构、材料、工艺和经济性等方面来体现的。产品的结构方式是体现其功能的具体手段，是实现家具知觉功能的核心因素。科学合理的结构知觉设计能够提高产品的技术性能，能使产品具有优良的使用效果。

家具设计应当确定目标用户群，并且建立相应的用户群知识库，即人的知觉心理、行为心理、消费心理等各方面的内容。

四、作品欣赏

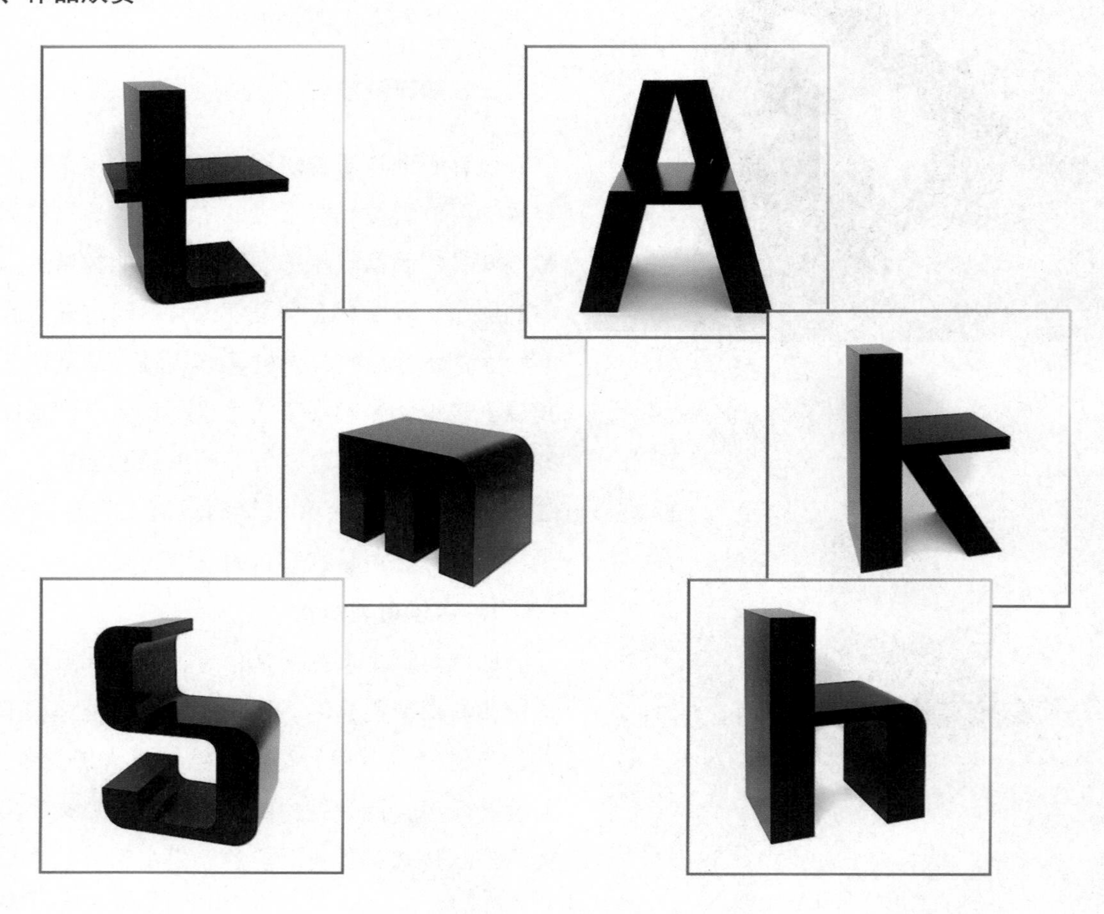

图5.8　各式风格现代坐具

第二节　家具美学造型法则

课题训练

课题内容：家居美学造型法则

课题目的：1. 通过学习本章节的内容了解影响家具美学的因素。

2. 掌握家具美学的要点。

课题要求：了解并掌握家具美学要点及其应用

课题教学：1. 让学生自己收集家具素材，并依照美学法则寻找出家具的优缺点。

2. 教师对学生归纳的家具进行点评。

3. 教师通过风扇椅、天鹅椅、花瓣沙发及球椅向学生强调家具美学法则的要点。

课题作业：绘制一把运用了形式美法则的办公椅，包含三视图、效果图和必要的文字说明，A3版面。

一、案例解析

在现代家居设计的创作中，设计师们似乎越来越关注家居的形态设计，因为家具形态不仅是设计师情感意识的传达媒介，而且也是家具设计师独特的设计风格的体现。因此家具设计形态的确立自然便成为家具设计的首要问题，这种形态的确立，关乎家具设计造型色彩，质感及风格流派美学造型法则是人类经过长期的艺术实践，从自然美和形式美中提炼出来的艺术处理手法。自然规律的形式美法则，包括尺度与比例、变化与统一、均匀与稳定、重复与韵律、模仿与仿生等。构成因素一般划分为两大部分：一部分是构成形式美的感性质料，一部分是构成形式美的感性质料之间的组合规律，或称构成规律、形式美法则。构成家具形式美的感性质料主要是色彩、形状、线条、材质等。

如图5.9所示，木马椅子从寓意上讲“座”，是身份和地位的象征。在造型中力图从孩子的世界中出发，孩子往往幻想自己是理想国中的国王。作品形态上结合了座椅和木马的功能。立体造型各个部分的尺寸和孩子的使用上关系恰如其分，设计形式上做到线与面变化与统一得到了完美的结合，即统一中求变化，变化中求统一，做到不杂乱，有组织而不单调。使用者既可以把它作为一个稳定的座椅，也可以把它变为一个木马。兼具家具与玩具的属性可以满足孩子的好奇心和想象力，让它伴随孩子快乐成长。

图5.9　木马椅

图5.10　线性椅

不同的线性和形体能够赋予家具不同的性格表现，水平线有宽广平衡、宁静安定感；垂直线有向上、端正、挺拔支持感，弧线有突破上升、活泼变化感。正方形家具有端正感，缺乏变化；长方形家具外观可有变化。梯形上小下大，能显示出一种重量感和支持感，按照梯形轮廓构成的家具造型，存在着完好的效果。如图5.10所示的这款座椅运用了弧线造型的美学法则，合理提炼出了圈椅的弧线美，整体造型以梯形的造型为基础，运用现代材料的处理技术及美学法则进行创新再设计、再创造，在满足座椅使用功能上的舒适性的同时，具有视觉冲击力，把良好的功效性和技术性统一在家具的造型里。

二、参考案例

如图5.11所示是由袁媛设计的“涟漪”。“涟漪”灵感来自于水中涟漪，静静的水面被徐徐清风拂过，荡起的涟漪使我们心生感动。屏风起伏的曲线好似水中涟漪，富有动感、韵律而又含蓄、沉稳。在这其中运用了自然的元素。与传统的屏风相比较，涟漪更加凸显出自然的生机，虽然不像古代屏风那样有着繁华的浮雕，点线面的相互交叉也让它更加凸显出了家具造型艺术的形式美。

图5.11　涟漪

如图5.12所示，家具整体造型以中轴线完全对称，具有较强的视觉均衡感，通过运用三角图形设计分割及重复作为装饰手段，外观呈弧线状的整体感觉，避免了对称形状给人呆板单调的、过于严肃严正的负面感觉，打破了其生硬、僵直的均衡感觉，以获得在同一中有变化的视觉效果。

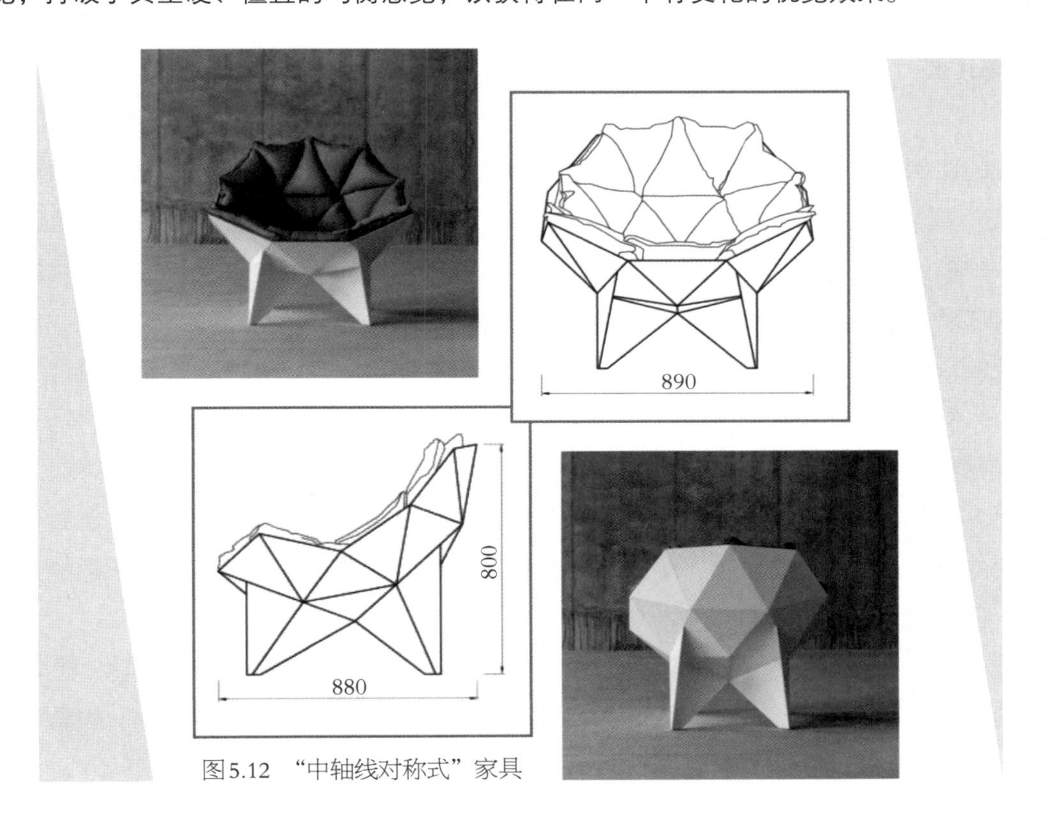

图5.12　“中轴线对称式”家具

图5.13 凳君子

图5.14 仿生椅

如图5.13所示的“凳君子”，全由五年生毛竹竹条构成，无任何金属、塑料等其他材质部件。寓突破性技术、线性优雅的造型于一身。凳君子使用最少的材料完成制作任务，并满足坐具的结构、舒适、功能等需求。每根竹条完成三度空间的扭转，透过独特的技术应用，使竹条达至金属般不对称的延展性。在座位两侧，竹条先是轻微向外侧弯曲而后又转折回原本角度，中段的V形横向竹条为方圆框中的竹条提供支撑并固定其位置，在不破坏竹纤维的前提下，达到前所未有的锐角弯折（而不是常见的圆角弯曲）。V形横向竹条与方圆框中间最突出的两根竹条，构成了这把坚实竹凳的主要结构，使凳君子能承重200千克。

如图5.14所示，在自然界中，翘首张望的爬行昆虫的姿态，是“虫椅”成型的原形。将昆虫的瞬间形态赋予坐的功能，体现了作者对自然与人的情感关怀。其完美的造型设计，博得了评委的一致好评。更值得一提的是，“虫椅”所选用的材料是源于自然的，可持续再生的取之不尽用之不竭的环保材料——毛竹。

三、知识链接

1. 尺度与比例

（1）比例

家具造型的比例包含两方面的内容：一是家具与家具之间的比例，需要注意建筑空间中家具的整体比例的长、宽、高之间的尺寸关系，体现出整体协调、高低错落有序的视觉效果；二是家具整体与局部、局部与部件的比例，需要注意家具本身的比例关系和彼此之间的尺寸关系。比例匀称的造型，能产生优美的视觉效果并与完善的功能相统一。比例匀称是家具形式美的关键因素之一。

根据造型的形式法则，我们在家具设计中导入比例的数学法则，这是人类在长期生产实践中总结的一些判断美的比例方法。比如正方形，无论形状的大小如何，它们周边的“比率”永远等于1，周边所成的角度永远是90度。圆形则无论不同比例的视觉效果大小如何，其圆周率永远是π。等边三角也有类似的。因此，正方形、圆形、等边三角形等，都具有固定的外形。长方形没有固定的比例关系，它的周边可有各种不同的比率而仍不失为长方形，所以它是一种不固定的形状。但经过人们长期的实践，探索出了黄金比例，它被认为是具有完美比率的长方形。

把一条线分成大小两部分，使较小部分与较大部分之比等于较大部分与整体之比，这样的分割叫做黄金分割，这样的比率就叫黄金比。黄金分割比，被广泛应用在建筑、家具、书籍、国旗等设计上，如图5.15所示。

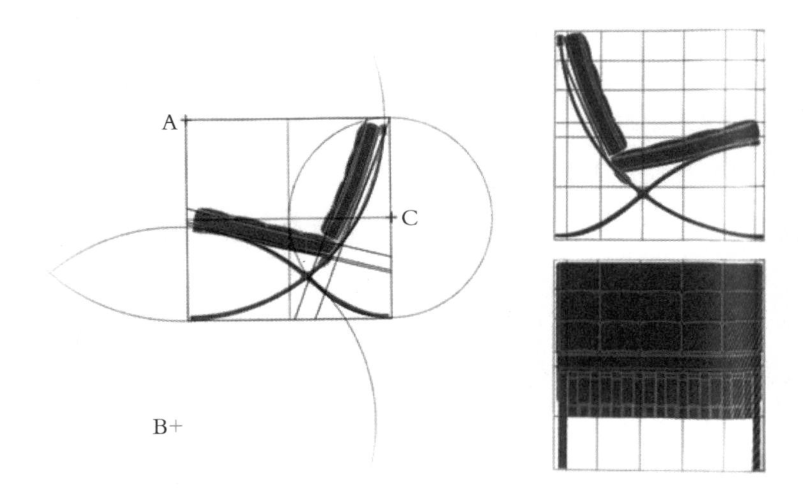

图5.15　巴塞罗那椅

(2) 尺度

家具尺度的概念是指设计对象的整体或者局部与人的生理结构尺寸或人的特定标准之间的适应关系。要重视家具与人的身体功能最紧密、最直接接触的部件。前文在家具的人机关系中对家具的尺度已有详细的介绍。

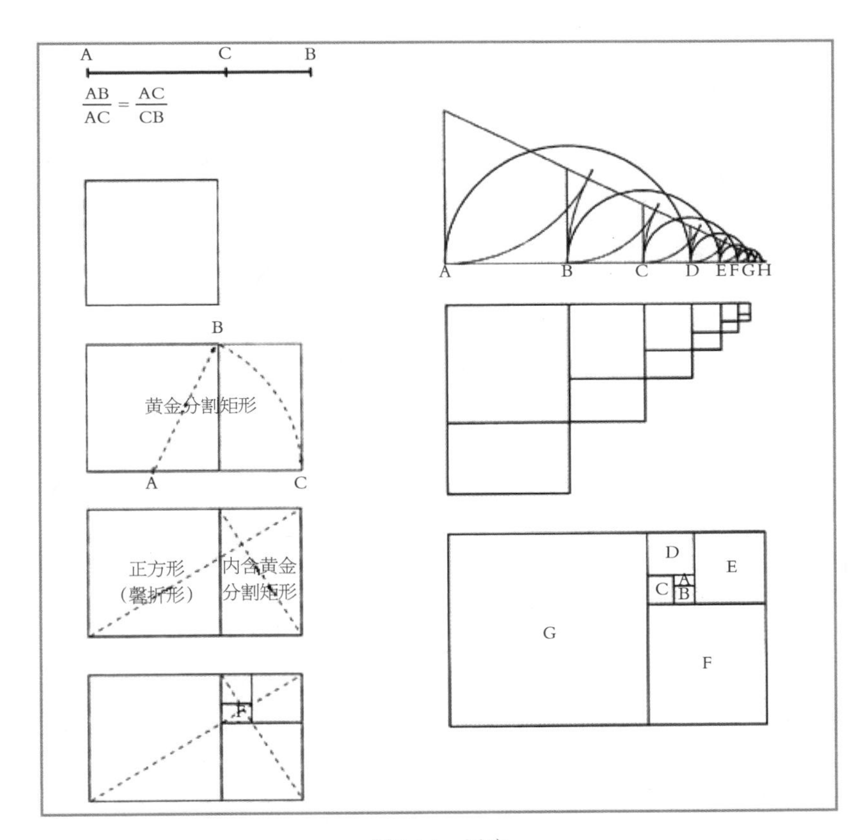

图5.16　尺度

2. **变化与统一**

(1) 变化

变化是在不破坏统一的基础上，强调家具造型中部分的差异，求得造型的丰富多变。

线条的变化——长与短、曲与直、粗与细、横与竖。

形状的变化——大与小、方与圆、宽与窄、凹与凸。

色彩的变化——冷与暖、明与暗、灰与纯。

肌理的变化——光滑与粗糙、透明与不透明、软与硬。

形体的变化——开与闭、疏与密、虚与实、大与小、轻与重。

方向的变化——高与低、垂直与水平、垂直与倾斜。

我们在进行具体设计时，许多要素是分不开的，如线和形体是组合在一起的，色彩随材质而变化。好的设计都会体现造型上的对比，许多要素是组合在一起综合应用的，以取得完美的造型效果。

（2）统一

在家具造型设计中，主要运用协调、主从、呼应等手段来达到造型协调。

协调：线的协调——运用家具造型的线条（如直线、曲线）为主体达到造型的协调。

形的协调——构成家具的各个部件相似或相同。

色彩协调——色彩、纯度、色相、明度与材质肌理相互协调。

主从：运用家具中次要部位对主要部位的从属关系来烘托主要部分，突出主体，形成统一感。

呼应：家具中的呼应关系主要体现在线条、构件和细部装饰上的呼应。在必要和可能的条件下，在造型中重复运用相同或相似的线条、构件，可取得整体的联系和呼应。

3. 稳定

稳定是物体在垂直方向上的“平衡”问题。一般来说，线条和体量简单的物体会产生稳定的效果。稳定的概念也分实际稳定和视觉稳定两方面。在通常情况下，家具稳定感的获得一般通过使其形体的重力线必须作用在支承面内，采用上小下大的形体、增大支承面积、降低重心、增加辅助支撑等办法，增强物体的实际稳定，同时也可获得良好的视觉稳定效果。家具底部的支撑面积越大，重力线越靠近支撑面中心，稳定性就越好，现代设计中的沙发就是一个很好的例子。

4. 节奏与韵律

（1）节奏

节奏可将家具的体、形、线等这些富有曲直、大小或起伏变化的特点，在设计上作变化或连续的排列，使某些特点不断呈现。节奏的合理运用，可使产品的外部形式产生有机的美感，并在构件的排列和使用功能及内部体积的处理中，构成贯通家具式样的形式，有利于形成环境气氛的高潮，并使高潮本身的效果更加突出。

（2）韵律

韵律是在节奏基础上的深化。具有韵律的形式，不仅表现出有规律的重复和交替，而且表现出抑扬节奏和运动方向的连续变化，给人以韵味无穷的律动感。节奏鲜明，强音突出，韵律优美与否是检验家具设计水准的一个重要角度，也是对家具造型设计的挑战。

5. 仿生

自然界中的生物为了适应物竞天择的自然环境，具有各形各色的优美造型，这些都为家具设计的创造与想象提供了方便，比如我们可以从动物、自然形态中得到灵感，设计出许多色彩鲜艳、形式新奇、工艺简单、成本低廉的各种结构的塑料家具。

四、作品欣赏

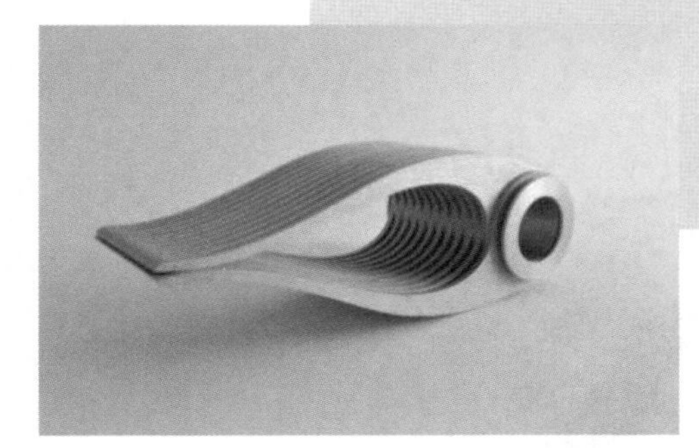

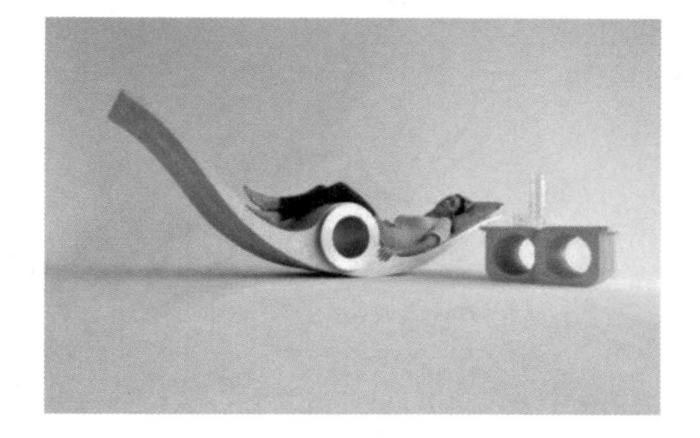

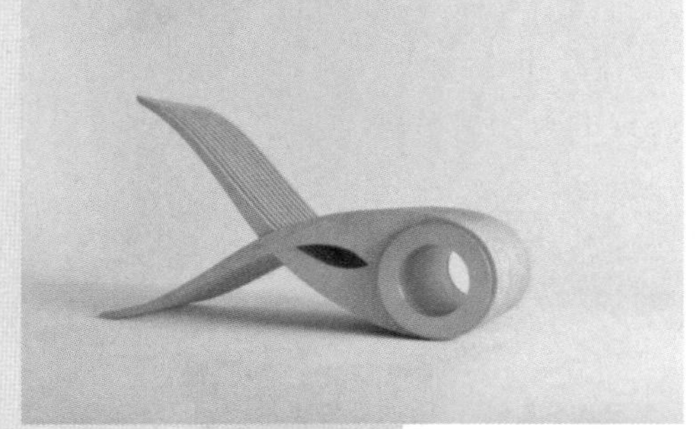

图5.17　仿生椅

第三节　其他感觉设计

课题训练

课题内容：家具造型的其他感觉要素

课题目的：通过学习本章节的内容了解其他感觉要素的内容

课题要求：了解并掌握家具感觉要素的要点

课题教学：1. 让学生自己收集家具素材，寻找出家具的感觉要素的表现形式。

2. 教师对学生归纳的家具进行点评。

3. 教师通过向实际案例学生强调家具其他感觉要素的切入点。

一、案例分析

随着社会的发展，人们越来越崇尚人性化设计，新款家具层出不穷，然而，贴近人们心理永远是设计的核心，人的行为受到文化、社会制度、民族、地区等多种因素的影响，呈现出复杂多样的行为特征。家具不仅仅以生理的尺度去衡量空间范围，人们对空间的满意程度及使用方式还决定于自身的心理因素。家具的人性化的设计不仅要考虑到家具的实用性，还要考虑人们的在精神审美方面的需求，人们在对家具的“品味”中发现和体验人生的乐趣，通过家具的形、色、质与使用过程中找到情感的归宿、心理的满足。

图5.18 「衣服」

如图5.18所示的“衣服”系列家具设计的灵感来自于亚洲传统服装的直线型板型（汉服），来自于古老文化中人们关于表现布料美感的丰富创意。传统服装给予设计的灵感，首先是其丰富的材料细节，例如各种布料质材的搭配、辅料、色彩选择等，这些色彩和质感的变化，演绎运用于家具设计，能微妙地调节和平衡家具造型的重量感，突显优质布料的细腻肌理和舒适手感。

二、参考案例

如图5.19所示的家具“固”从毛竹，到竹纤维，再到竹纸，最后到竹纸椅——是这把名为“固”的竹纸椅的衍变过程。在余杭附近，仍然有一些古老的造纸村落，他们利用2年生的嫩毛竹做纸，用于书画。这个工艺已经有上千年历史。严格筛选的毛竹经过几十道工序做成纸浆，就是这把椅子的原材料。“固”帮助竹纸打开了一扇门，让这项传统材料从专业的书画工具进入了日常生活领域。作为新的竹纸椅版本，设计师使用了传统的植物染色技术，通过反复试验，将色彩顺利实现在了这把“固”上，也正回应了纸与颜色不可分割的关系。

图5.19 “固”

如图5.20所示，上海都市化发展中最迅速最明显的是城市建筑物的变化，尤其是外滩黄浦江两岸建筑群的生长变化，高度不断攀升，密度不断增加，可谓日新月异。定格2009外滩东岸的建筑群，使之物

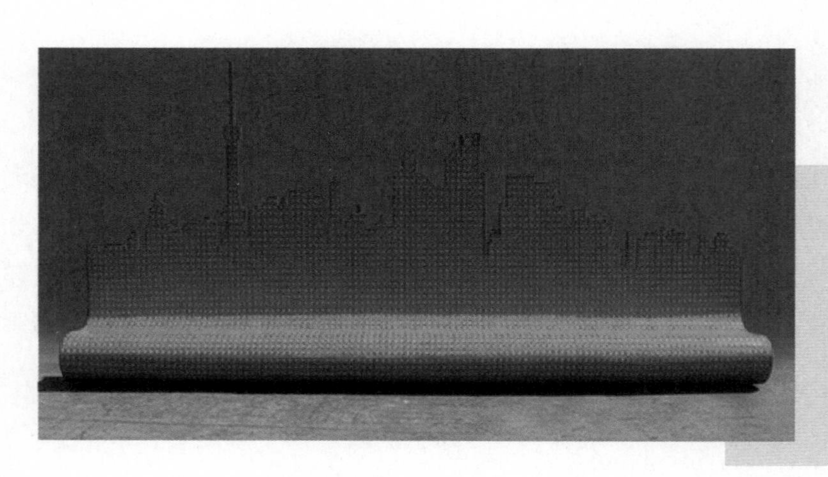
图5.20 「陆家嘴2009」

化为城市空间中的公共座椅。用建筑群的天际外形作为座椅靠背的轮廓。椅背上的时钟传递着时间的变化和延续，造就一种大家共生的体验，分享和凝聚大众当下的记忆。作品承载了我们的记忆。

如图5.21所示，“素裹”家具让生活恢复平静……渐近地气，从平凡中品味万物的青涩之美，是值得去做的事。疾速膨胀的都市和不断激增的物质像要爆裂的血管牵引着我们的脉动，生活于其中的人们似乎乘上快轨机车无法停止下来……用什么元素能代表中国当下急速发展的社会现状，并能够体现中国本土的设计？设计师一直在思考着……“素裹”选用的材料是现代城市更新改造中最予依赖的水泥，塑造的是古典家具的造型，破碎的瓷片更多地诠释了个人的心境。在传统与现代的对话中，在体现简约质朴的灰色调同白色瓷片的融合下，表达着设计师对城市发展以及当下中国设计的关怀和思考，并以此引起人们对“简单生活”的关注。

图5.21　“素裹”

三、知识链接

1. 质感

质感是指材料表面的质地给人的感觉，也是材质的表面组织结构表现。人们通过触觉和视觉来感受材质的粗糙或细腻、柔软或坚硬、冷或暖。

家具材料的质感，是材料本身所具有的天然质感，家具的材质是最直观的视觉效果，如厚实的木头、光滑的玻璃、笨重的钢铁和轻巧的塑料，不同的家具其材质和亲和力不同，给人带来的心理感受也不同，会令人产生许多情感的联想。

2. 色彩

色彩是一种富有象征性的元素，其在人类社会活动中扮演着一个重要的角色。色彩本身是没有感情的，可一旦与人们的生活发生联系之后，则变成了人们表达感情的工具。色彩运用于家具就如同服装运用于人体，除了要满足人们的起居生活需要之外，还体现出环境的整体风格，反映居住者的性格特征、审美趣味和文化素养。

家具的色彩设计还应体现出科学与美学的结合、技术与艺术及新的审美观念的结合，体现出家具与人的协调关系，遵循并灵活运用美学造型法则。在一个完整的设计方案中，家具色彩既要协调室内环境，又要使环境色彩有变化，维护两者统一，总的来说还是协调环境色彩为主。所以消费者在购买家具时，总会把家具作为室内环境中的配套物来考虑，家具的色彩在整个环境中能否起到积极作用，在于其色彩款式与室内环境是否协调、相得益彰。

四、作品欣赏

图5.22　色彩造型绚丽的家具

第四节　家具的文化内涵

课题训练

课题内容： 家具的文化内涵

课题目的： 1. 通过学习本章节的内容了解文化内涵对家具的内容。

2. 掌握家具文化内涵的特征。

课题要求： 了解并掌握家具文化的形式

课题教学： 1. 让学生自己收集家具素材，并从各方面分析家具所含的文化内涵。

2. 教师对学生分析进行点评。

3. 教师通过实际案例向学生强调家具文化内涵的切入点。

课题作业： 绘制一把有文化内涵的扶手椅，包含三视图、效果图和必要的文字说明，A3版面。

一、案例分析

家具，反映着一种文化，这种文化既有地域因素，也有历史成因。从艺术角度，家具可以设计成各种个性特征，如可以使优雅的，富有表情的，活泼的，庄严地，宏伟的，力量的或具有经济的、高效的等，但它必须是一种和功能有着联系的特征，同时也必须是符合当时、当地人们心愿的。因此这些个性特征也可视为一种文化。家具的文化内涵使得家具自身有了更高的意境，不再只是简简单单地供人使用，而是在精神与审美上有了更大的突破。

如图5.23所示为袁媛设计的“望月”。满月在中国传统中代表圆满和团聚，望月系列柜子，结合了圆月和穿插的云霞意象，体现了变化又均衡的美。就如李白的《静夜思》中所写到的“举头望明月，低头思故乡”，将月的含义与家具联系到了一起，便有了意想不到的效果。家具是实物，是物质上的，而文化则是经商的。家具在被注入文化之前是死的，毫无生机的，但正因为设计师将精神文化融入其中，才使

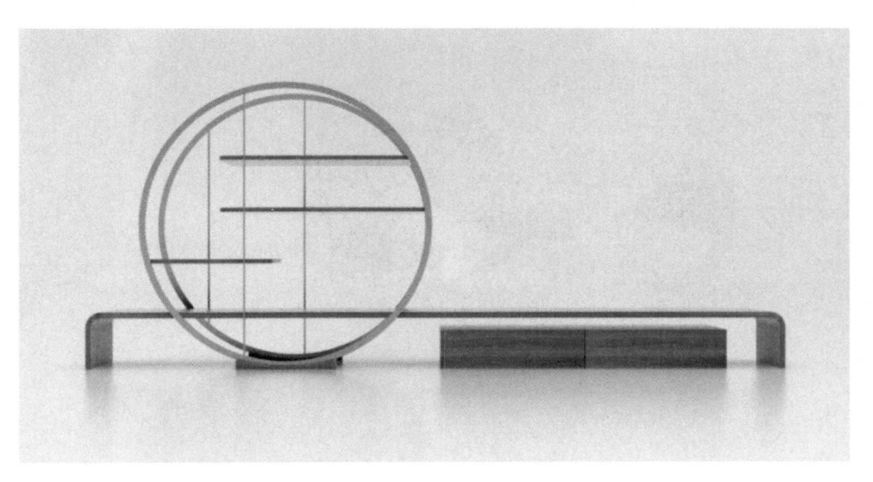

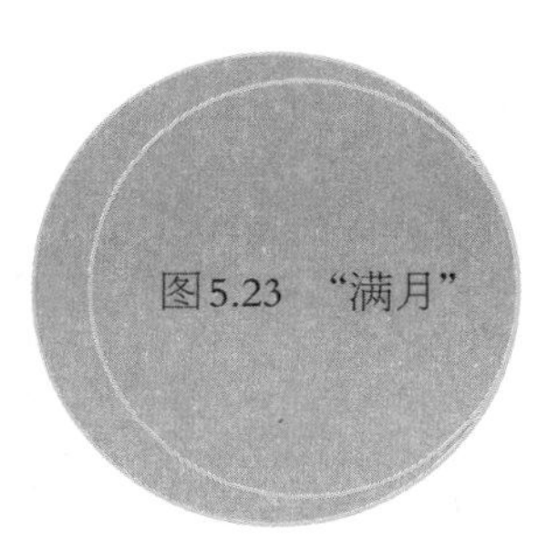

图5.23　“满月”

得它有了生命与内涵，就像一座城市一样，失去了人文精神，它便是一座死城，生活在那里的人们也会逐渐失去家的归属感。家具也是一样，拥有灵魂的家具才会让主人感受到家的温暖与其带来的归属感。袁媛曾评价道，现代文化崇尚的是自由、平等，家具在功能上不再强调等级，而是更关注人性、情感，讲究舒适、自由。古代的山水文化恰好是自由放松的。

二、参考案例

如图5.24所示的观石沙发，收藏和观赏天然形成的形态各异的石头是中国一种文化传统。观赏石的历史文化内涵极其丰富，人类早年就经历了一段漫长的石器时代，最早的劳动工具是石头，最早的饰物是石头。“女娲补天”“精卫填海”的神话传说已赋顽石以灵性，由此形成了石崇拜现象。观石沙发结合了西方的贵妃椅及古代的观石文化，缔造出了这一奇特的现代家居。

图5.24　观石沙发

如图5.25所示的豌豆椅，作品的名称来自于豌豆公主的童话故事。摇椅的侧面造型像一颗巨大的豌豆。椅子坐面的编织物的起伏暗喻了童话故事的内容。通过这件作品，设计师把童话世界的丰富多彩和生动有趣引入真实的生活当中。特殊定制的编织绳，表面由纯棉和涤纶制作，经过特殊处理，耐磨性极好。编织绳的内部由柔软织物填充。编织的方法，参考了中国古典的编织手工艺，编织绳和蛇形弹簧穿插在一起增加了产品的牢固度和坐面的弹性。在传统编织工艺的基础上加以提升，使其更好地适应工业化大生产。

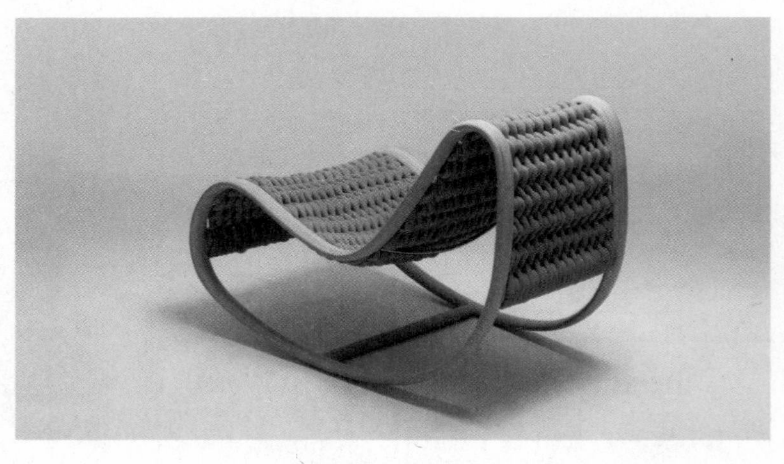

图5.25　豌豆椅

如图5.26所示，团扇，以其柔和优雅的形态成了集中体现中国古代诗意审美的文化符号。轻扇屏风的设计灵感来源于典雅的传统美学。该设计作为空间中的隔断，利用了团扇半透明的遮光特性，在若隐若现中传达出东方的含蓄之美。团扇，也叫圆扇、“宫扇”、“纨扇”，是一种圆形有柄的扇子。宋以前称扇子，都指团扇。团扇起源于中国。扇子最早出现在商代，用五光十色的野鸡毛制成，称之为“障扇”。当时，扇子不是用来扇风取凉，而是作为帝王外出巡视时遮阳挡风避沙之用。

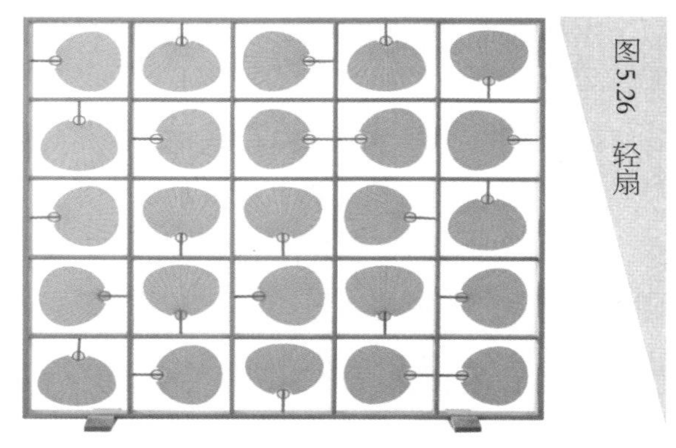
图5.26　轻扇

如图5.27所示的家具“若古”，古旧家具是祖先留给我们的宝贵物质和精神文明遗产，是凝结的不可再生的文化资源。大漆是大自然赋予我们的中国最古老的传统媒材。遗留下来的古旧家具因使用和存放不当等人为因素出现了破损、残缺，通过复杂而科学的手段还原修复出原有的材料性能、结构、工艺的同时，设计师更着重从人文、历史、艺术等多方面入手，对古旧家具进行再造，将设计元素嫁接到木家具原本的形态中找寻新的理念表达。

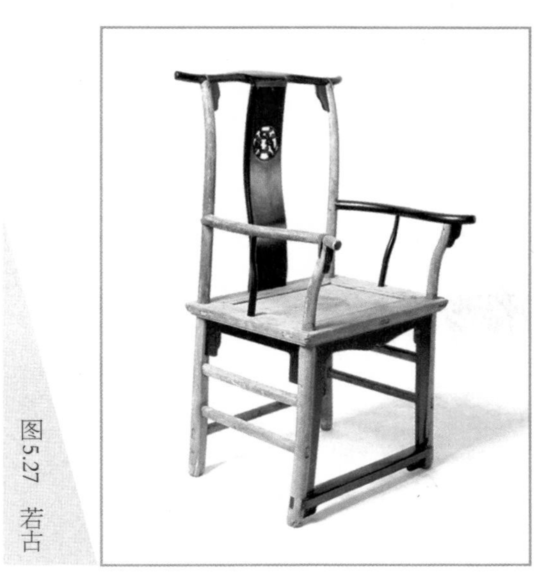
图5.27　若古

三、知识链接

从一定意义上说，家具是某一国家或地域在某一历史时期社会生产力发展水平的标志，是某种生活方式的缩影，是某种文化形态的显现。而且随着社会的发展，这种文化形态或风格形式的变化和更新浪潮，将更加迅速和频繁，因而家具文化在发展过程中必然或多或少地反映出社会性特征、地域性特征、民族性特征、时代性特征等。

1. **社会性**

社会性家具的类型、数量、功能、形式、风格和制作水平，以及社会家具的占有情况，反映了一个国家和地域在某一历史时期的社会生活方式、社会物质文明水平以及历史文化特征，因而，家具凝聚了丰富而深刻的社会性。我国明清家具中的圈椅、交椅和各式扶手椅等为了适应封建社会的厅堂陈设，采用了正襟危坐的形象，以显示其地位的高贵和统治制度的尊严。同时，在家具的装饰上，常采用蝙蝠、佛手、桃子等图案为题，比拟富贵、多福、长寿等吉祥之意。如果说宇宙飞船中的座椅设计99%是科技因素，只有1%是美学因素的话，那么古代皇帝的宝座中有99%的因素在于体现身份，是否舒服已经不太重要了。待组装家具（RTA）作为现代家具的一种时尚已经成为欧美文化的一个组成部分。

2. **地域性**

不同地域地貌，不同的自然资源，不同的气候条件，必然产生社会生产力水平、生活方式、文化形态、人的性格差异，并形成不同的家具特性。因而，反映出地域性。千百年来，草原上的民族，向终日所对的千变万化的蓝天白云倾注了无限的情思。历代人细心的观察和浪漫的想象，创造出繁多的云头图案。因此可以说，世界上没有任何一个民族像蒙古族这样对云朵如此独具钟情。从蒙古包、蒙古刀、蒙古靴以及元代家具上均能得到印证，这深刻地反映了草原上的游牧文化。在古代宗教思想占统治地位的社会里，西方15世纪哥特式教堂建筑和家具采用高耸垂直的竖向线条作为造型的基调，具有强烈向上的势感，是一种引向神圣天国联想的表现，体现了中世纪浓厚的宗教文化色彩。古埃及、古罗马统治者所使用的座椅，前腿均雕刻着兽形装饰，常被视为权力和尊严的象征。文艺复兴时期的女体雕饰反映了对由宗教所控制的黑暗中世纪的反叛。

3. **民族性**

不同的民族有不同的传统文化和生活习俗，从建筑造型到室内、家具均有着自己的特征。如日本民族榻榻米席地而坐，椅子则无腿；中国西藏地处高寒地带，家具也是低矮型；北欧森林丰富，追求自然美，流行实木家具。

4. **时代性**

与整个人类文化的发展过程一样，家具的发展也有阶段性，即不同历史时期的家具风格显现出家具文化不同的时代特征。如古代、中世纪、文艺复兴时期、浪漫时期、现代和后现代均表现出各自不同的风格与个性。如英国传统（安娜）式家具、法国哥特式家具、巴洛克（路易十四）式家具、洛可可（路易十五）式家具、新古典主义（路易十六）式家具、美国殖民地式（美式）家具、西班牙式家具、中国明式家具等。

四、作品欣赏

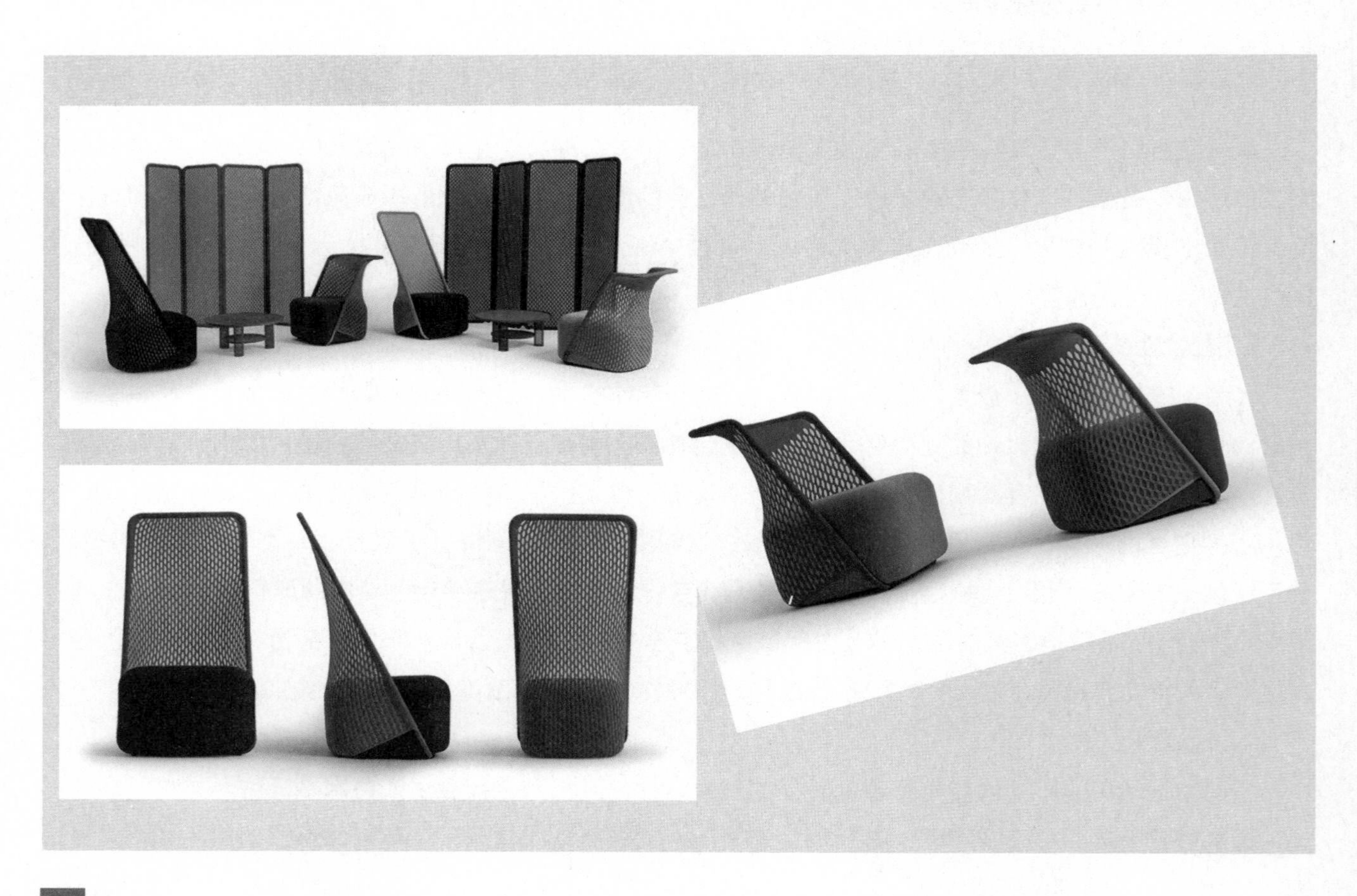

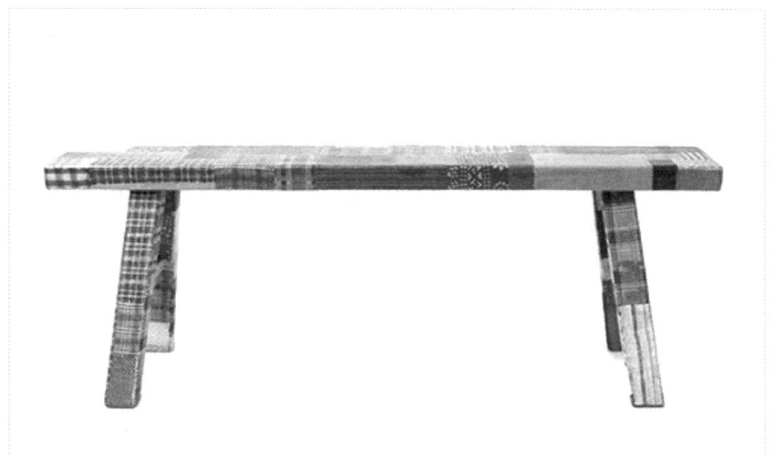

图5.28　各式风格现代坐具

图5.29　德国家具

本章思考与练习

1. 分析家具造型设计的各要素的练习。

2. 思考分析人的感知要素在家具形态中的具体体现。

第六章　家具结构设计

◆ **学习要点及目标**

1. 了解常见材料家具结构的设计特征。
2. 掌握中国传统木质家具的榫卯结构的几种连接方式。
3. 通过对材料特性的认知，在对不同材料及结构了解的基础上，用替代材料制作简单的家具模型。

◆ **核心概念**

家具设计材料；家具设计结构；制作工艺

引导案例

如图6.1所示，明代代表性家具圈椅不仅用材讲究、线条流畅，且比例结构稳定、实用，符合力学原理。家具除了使用的木材极为考究外，在工艺上采用了框架式结构，构造中无需采用一颗钉子。这与我国独具风格的木结构建筑一脉相承，既丰富了家具的造型，又使家具坚固耐用。设计者考虑了椅子的使用功能、美观性以及社会文化等因素，进行圈椅的设计。由于他们的文化水平较低，基本上不可能学习数学，所以打样显得非常重要，通过打样，匠人可以简单地量取他们想要的尺寸(不需要经过熟悉计算)，一般古代木匠将打样图1∶1绘制在纸或者平板上，根据制作工序的顺序。

图6.1　圈椅

如图6.2所示，圈椅木作分为前后3部分，最先制作的为椅腿框架部分，这里暂且将它命名为下部分；然后制作的是座屉以及座屉和椅腿的结合部分，命名为中部分；最后制作的是圈椅以及椅圈和椅腿，联帮棍的结合部分，命名为上部分。椅腿的侧脚和收分式框架型圈椅的椅腿基本上都做了侧脚和收分处理（侧脚：宋代建筑术语，为了使建筑有较好的稳定性，宋《营造法式》规定外檐柱在前后檐内倾斜柱高的10/1000，在两山向内倾斜8/1000，而角柱则在2个方向都有倾斜。收分：柱子上下两端直径是不相等的，根部略粗，顶部略细，既稳定又轻巧）。从功能来看，这是借鉴了建筑的大木梁结构，加强了圈椅的稳固性。由于家具尺度远小于建筑，本圈椅的侧脚3/100（椅腿高500mm，椅腿上部向内侧15mm）；收分为1/100（椅腿高500mm，收分5mm），这和小式建筑收分的大小基本相同。实用功能合理性分析：从平面图上看，圈椅椅脚不超出座屉边框，这样在使用过程中不会对行人绊脚。

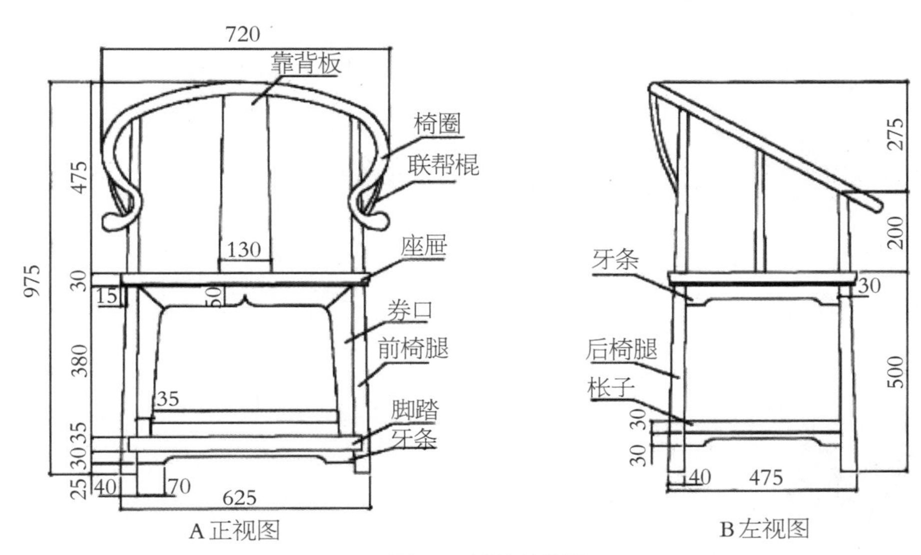

图6.2　圈椅结构图

第一节　木质家具的结构与工艺

课题训练

课题内容：木质家具的结构与工艺

课题目的：1. 通过本节的学习了解木质家具的结构类型。

2. 掌握木质家具的连接方式。

课题要求：掌握实木家具的结构。

课题教学：1. 让学生归纳自己身边的木质家具常见的结构连接方式。

2. 教师对学生所归纳的木质家具的结构问题进行分析和点评。

3. 教师通过waste less chair、Tree Trnuk Beach等设计案例的分析，向学生讲解木质家具的特点以及结构与特有的形态。

课题作业：绘制常见实木家具榫卯结构的结构图纸。

图6.3 「spyndi」

图6.4 座椅和搁脚板

一、案例解析

如图6.3所示的可完全自定义形态的多功能座椅，由立陶宛家具设计师mindaugas zilionis创作的“spyndi”手工座椅包含60个活动组件，可以进行无数种变化组合。正如标题中提到的那样，这一不同寻常的家具作品以人类脊柱为设计基础，几乎可以做出任何形态的变化。仅仅需要基本的元件和一点点的想象力，就可以达成扶手椅、躺椅、摇椅、屏风、凳子、边几、运动器材等无数种可能性。作品设计的秘密包含在其煞费苦心的构造之中。每张椅子都由1260个桦木胶合板活块组成，这些活块组件都进行了单独的覆油涂层，并构成或长或短的部分组合。所有部分形成令人难以置信的力量进而转化为整体形态，就像脊椎，牢固而不失灵活。

如图6.4所示，将“spyndi”构造成一个独特的组成只需要一点计划和成品组装的时间。每个元件都有AB两侧，在连续或交替组装时可以产生不同的形状。例如，A＋A＋A或B＋B＋B组合会形成一条曲线，而A＋B＋A则会构成直线，此外还有许多其他可以通过两者组合产生的形状。元件一旦放置妥当，锁定机制（六角键）即会打开来固定。

二、参考案例

如图6.5所示的这款扶手椅是用白蜡木制作而成的，弯曲结构由蒸汽加工而成，在椅背和椅板处装有软垫。软垫装饰有助于增强椅子的适用面，可以根据环境所需使用不同的装饰。“zantilam”和“zant”扶手椅外观虽然相似，但是由于其中一款全部覆有一层装饰，而另一款结构外露，并带有扶手架，两款实则截然不同。椅子结构就像一块白布，可以装上不同的饰品，给人自由创作空间。椅后腿和扶手架曲线流畅，与胶合板座板线条完美相交。椅背和椅板根据应用空间，装上不同的织布或是皮革。

图6.5　白蜡木扶手椅

如图6.6所示，艺术家Sezuriz设计制造了这件名为波浪橱柜（Wave Cabinet）的柜子，意为可以像海浪一样翻转波动的橱柜。整个柜体由100根“牵一发而动全身”的木条组成。当你拉动任意一条木条，相邻的木条都会随之而动。当然你也可以用一只手或双手去推拉一组木条，让柜子的不同边角和块面在你的手下做各种翻滚的运动。设计师希望通过这款看似质朴平常却又暗藏玄机的设计，转变人们对传统家具固化印象。

图6.6　波浪橱柜

如图6.7所示，家具3Rising系列包括了桌、椅等客厅必备家具，这些家具的最大特点就是能够在“二维”和“三维”之间随时随地任意转换。明明是几块平平的木板，却能在短短几秒时间内平地而起——一般家具是“组装”而成的，而安布瑞克斯设计的家具则是“折”出来的。他将平面的木板进行有序切割，拆解为线条单元，之后进行有机连接，使之能够顺利延展至三维空间。比如Rising椅，选择的是耐晒、耐水、耐用的柚木，再使用黄铜铰链连接关节，变形时每个片段和结构都有了动态的美感。

如图6.8所示的家具静中取动。一道阅读动线，使得封闭与开放，两者兼得。既有封闭式收纳书架避尘的功能，又有开放式的妙趣弧线，让书与书柜之间，趣向互动，并带来装饰性的美感。书柜柜门的开合方式，更是反复用心研究，最终以灵巧的方式，实现了开拉的独特体验。

图6.7　3Rising系列家具

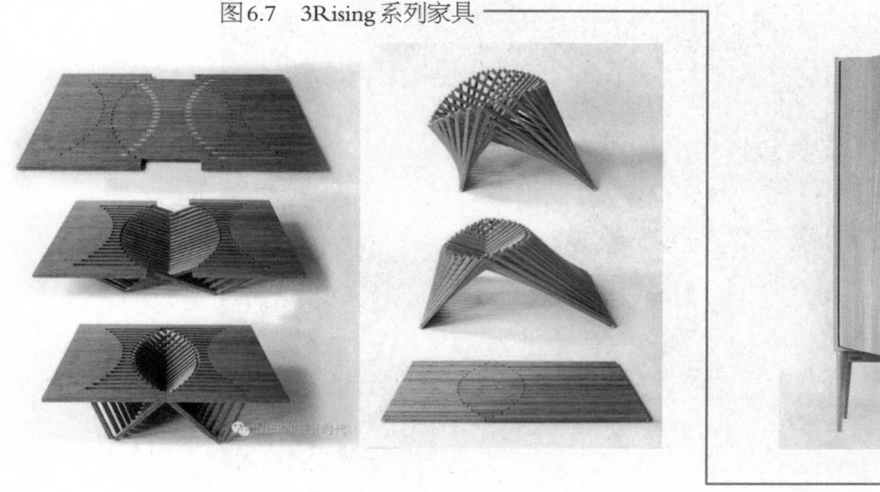

图6.8　静·动家具

三、知识链接

家具结构设计是家具设计的重要组成部分，它包括家具零部件的结构以及整体的装配结构。家具结构设计的任务是研究家具材料的选择，零部件自身及其相互的接合方法和家具局部与整体构造的相互关系。家具结构的功能正像人体的骨骼系统，用以承受外力和自重并将负荷自上而下传到结构支点而至地面。所以，家具结构直接决定了家具的功能，但同一结构在一定的材料和技术条件下以及在牢固而耐久的要求下也有着不同的表现方式。

1. **实木家具**

木材的榫口接合由于类似于钢筋混凝土结构的力学性能，给我们提供了采用这种接合的条件。每件实木家具成品，都是由其单体部件组成。家具形态不同的主要原因就是选用了不同的单体部件，按不同的接合方法组装而形成的。实木家具牢固耐用，其主要原因除了主要受力部件选用强度高的材料外，在很大程度上还取决于单体结构的合理设计和科学的契合组合方式。这是其他木质材料所不具备的特性。常用的接合方式有榫接合、胶接合、钉接合、金属构件接合（连接件接合）等。

榫接合是由榫头和榫眼或榫槽组成（如图6.9所示）。将榫头插入榫眼（或榫槽）内，把两个零部件结合起来的一种连接方法。榫接合时榫头和榫眼都要涂胶，以保证有足够的接合强度。传统的木家具生产多采用榫卯接合，榫接合持续了几千年，至今仍占有很重要的地位。

胶接合是指单纯的用胶来接合的木家具构件的一种方式，比如将动物胶、合成树脂胶等涂在接合件的表面，施加压力，使物件牢固地黏接一起。特点：单纯依靠接触面间的黏合力（接合强度）将零件连接起来，零件胶接面都要为纵向平面。应用：薄木贴画或板式部件封边等表面装饰工艺。

钉接合多用在接合表面不显露的地方，比如板材拼接、桌椅板面的安装、榫接合或胶接合时作固定用的辅助方法。按钉的类型接合方法分为两类：铁钉接合与木螺钉接合。

木螺钉接合特点：接合较简便，接合强度较榫低但较圆钉高，常在接合面加胶以提高接合强度。常用的木螺钉的类型有一字头、十字头、内六角等，其端头形式有平头、半圆头等，装配时可用手工或电动工具进行，常见的是木螺钉（如图6.10、图6.11所示）。

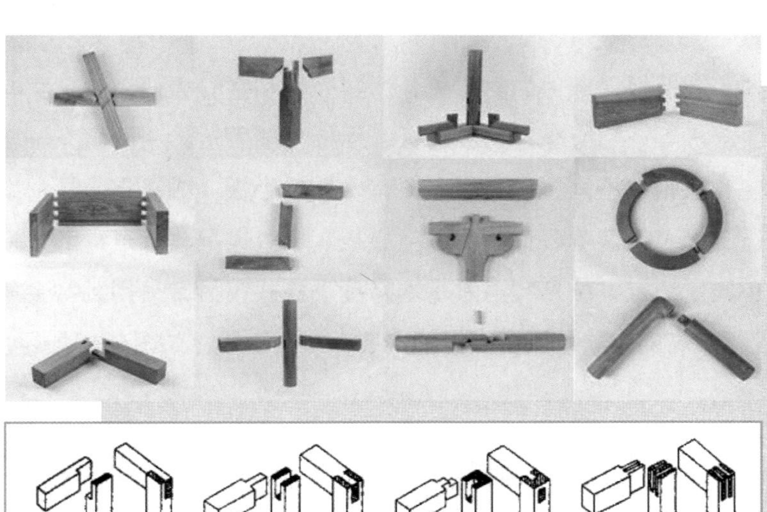

图6.9 榫接合

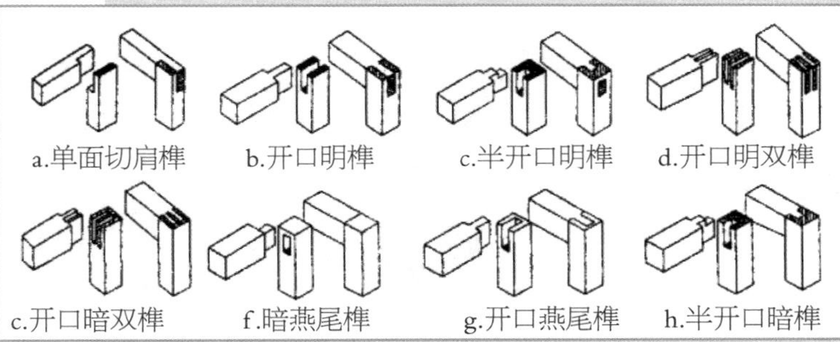

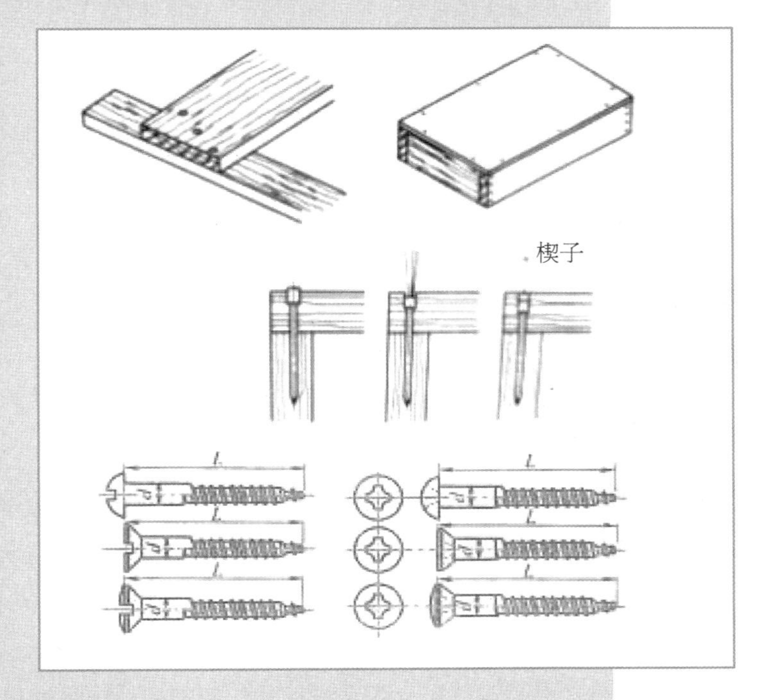

图6.10 铁钉

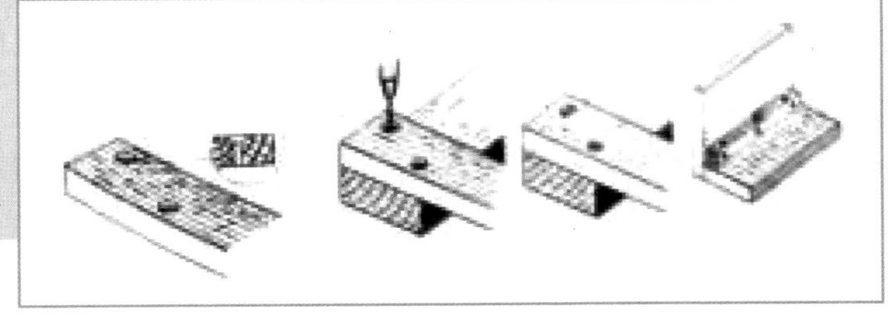

图6.11 木螺钉

2. 板式家具

板式家具的用材主要以人造板为基材。制造板式部件的材料可分为实心板和空心板两大类。实心板包括覆面刨花板、中密度纤维板、多层胶合板等；空心板是用胶合板、平板作覆面板，中间填充一些轻质芯料，经胶压制成的一种人造板材。空心板结构不同，种类很多，有木条空心板、方格空心板、纸质蜂窝板、网格空心板、发泡塑料空心板、玉米芯或葵花秆作芯料的空心板。板式家具具有可拆卸、造型富于变化、外观美观且时尚、不易变形、质量稳定、价格实惠等基本特征。板式家具常采用各种金属五金件连接，装配和拆卸都十分方便，加工精度高的家具可以多次拆卸安装，方便运输，如图6.12所示。

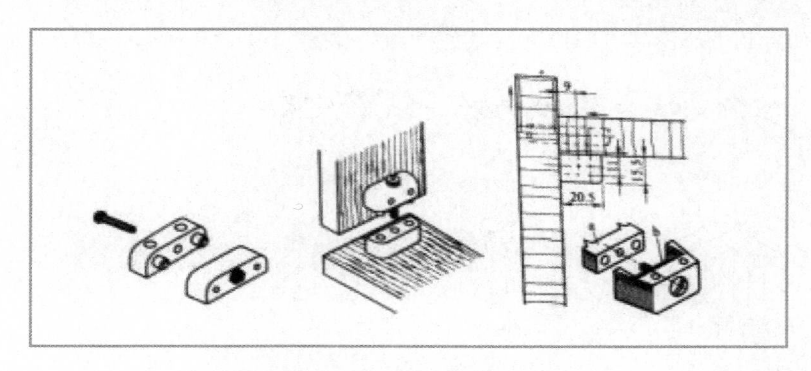

图6.12　板式家具装配构件

第二节　竹材家具的结构与工艺

课题训练

课题内容：竹材家具与工艺

课题目的：1. 通过本节的学习了解竹材家具的类型。

2. 了解竹材家具的制作工艺及特色。

课题要求：掌握竹质家具的特点与性能。

课题教学：1. 让学生归纳自己身边的竹质家具结构特征，拍照并测量其基本尺寸。

2. 教师对学生所归纳的竹质家具结构的问题进行分析和点评。

3. 教师通过几个家具设计案例的分析，向学生讲解竹质家具的性能及特点。

课题作业：绘制一把竹质的家具，包含三视图、效果图和必要的文字说明，A3版面。

一、案例解析

竹集成材是一种新型的竹质人造板，它是通过以竹材为原料加工成一定规格的矩形竹片，经防腐、干燥、涂胶等工艺处理进行组胚胶合而成的竹制板方材。新型竹集成材家具就是用这种集成材加工而成的一类新型家具。竹集成材的特点：幅面大、变形小、尺寸稳定；强度大、刚性好、耐磨损；具有一定的防虫、防腐性能；在一定程度上改善了竹材本身的各向异性；可以进行各种覆面和涂饰装饰，以满足不同的使用要求。竹材结构和化学组成都和木材有很大差异，其强度和密度都高于一般木材，因此可用较小厚度的竹集成材替代较大厚度的实木板材，以取得经济上的优势。另外，竹集成材基本单元为一定规格的矩形竹片，其幅面大、尺寸稳定。新型竹集成材家具典型结构根据新型竹集成材家具基材的特点，可开发成3种类型的竹家具：(1) 以榫接合为主的传统家具。这类竹家具结构基本上可采用实木家具的结构，在营造框式家具造型效果时，直接通过板面铣型实现，可节约材料和减少工序，降低成本。(2) 现代板式竹集成材家具。这类竹家具可实现标准型部件化的加工。竹材强度较大，新型竹集成材板式家具在整体造型上更为轻巧、简洁、明快。在结构上，基本上可以采用木质人造板连接方式，但连接件强度更高，宜使用牙距大、牙板宽而利于专用螺钉或硬木自攻螺钉。(3) 造型优美的竹集成材弯曲家具，主要发挥竹材较好的纵向柔韧性。新型竹集成材家具，打破传统工艺，实现工业化的生产以及家具的模数化组合、延展、可移动；整体设计上崇尚家具天然、朴素、环保的特性。(4) 竹集成材家具基材的天然造型要素通过对竹片表面外形特征的分析，竹片通常具有竹节、端面、弦面和径面。通常情况下，单根竹片的大小相对于其所在的家具板面是比较小的，在造型设计上往往可将其视为造型形态要素中的线，由此，竹节、竹片端面、竹片弦面和竹片径面就可分别被视为节点、端点、弦面线和径面线。我们可以提炼出竹片在竹集成材家具造型上具有的最基本的构成要素：点和线。这些固有的造型要素具有很强的装饰效果，并赋予竹家具造型以新概念。在基材本身具有的天然造型元素上，实木因切割方式不同可得到不同的木纹肌理，可根据设计，进行拼图，得到所需的图案，并结合炭化竹片和本色竹片拼成美丽图案。竹材纵向柔韧性较好，可充分利用这一特征制造造型优美的竹集成材弯曲家具。在弯曲构件的制作中实木常用锯制弯曲加工、实木方材弯曲、薄板弯曲胶合和锯口弯曲。竹集成材是对竹片定型压模，竹片定型后再按一定的方式胶合成所要的构件，工艺上与实木的薄板弯曲胶合更为相近。竹集成材家具所用的材料都具有大自然赋予的独特美感以及优越的材料特性，对提高人类居住环境质量有着重要的作用。新型竹集成材家具，因其具有生态性和环保性，集合了竹材的天然特性，与实木家具及板式家具的加工特点，打破了传统的圆竹家具结构和加工工艺，易于实现工业化生产以及家具的模数化组合、延展，整体设计上崇尚家具天然、朴素、环保的特性，为国内外消费者所青睐。可以说，这两种家具不仅过去、现在为人们所青睐，而且将来也会为人们所喜欢。

图6.13　竹制家具

二、参考案例

如图6.14所示，产品设计师alice minkina用长达160米的竹制薄片打造出“sagano”竹制座椅。这款圆形座椅的靠背为环抱状的曲面，搭配圆形基座和三根管状座椅腿。与这款座椅同时推出的还有一款非对称咖啡桌和多款吊灯。这一环保家具系列曾在2016米兰国际家具展卫星展（isaloni satellite milan 2016）上展出，设计师创造性地利用易弯曲的单条薄竹片材料制造出一系列实木家具。竹子这种植物具有生长迅速的特点，其材质产量是木材的20倍之多，这一突出特性也使竹材成为一种可再生的木材替代品。“sagano”竹制家具系列通过精心组装的薄片结构，生动反映了竹子可持续环保的特性，并将这种环境保护意识用现代风格表现出来。

图6.14　竹制座椅

如图6.15所示，来自中国台湾的设计师林大智、谢易帆，将竹子和水泥这两种常见的材料融合在一起，希望重新定义它们的意义，提醒人们去发现身边寻常材料之美感。Ching Chair的主体由竹子构成，一段竹竿一分为三劈开，通过加热将其弯曲，然后在部件上钻出沙漏状的榫卯孔，用水泥浇铸其中，以其将竹子部件连接在一起。Ching Chair获得了Best of the Best奖项，这是红点奖的顶级奖项，颁给各组别中最优秀的作品。

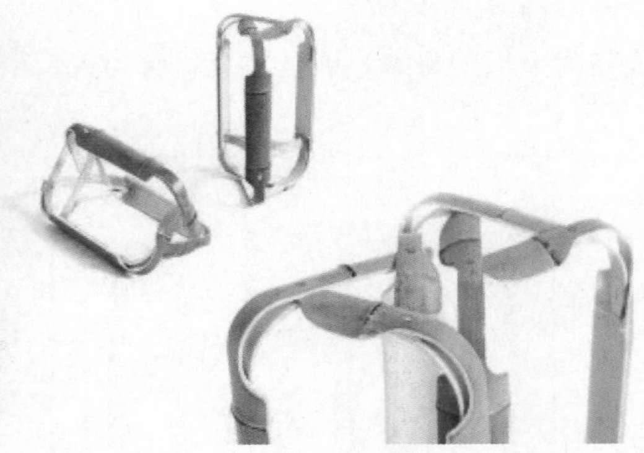

图6.15　“阴阳”椅

如图6.16所示的杭州凳来自杭州籍旅欧设计师陈旻的设计作品。杭州凳由16张0.9毫米厚且长度各异的竹皮组成，竹片根据竹纤维的天然纹路垂直对齐，形成自然的拱形。凳面打破了竹子原有的属性，富有韵律和动感，灵活且非常结实。直径3厘米左右的青竹穿透层层竹皮，在底部将凳子的两端连接在一起。

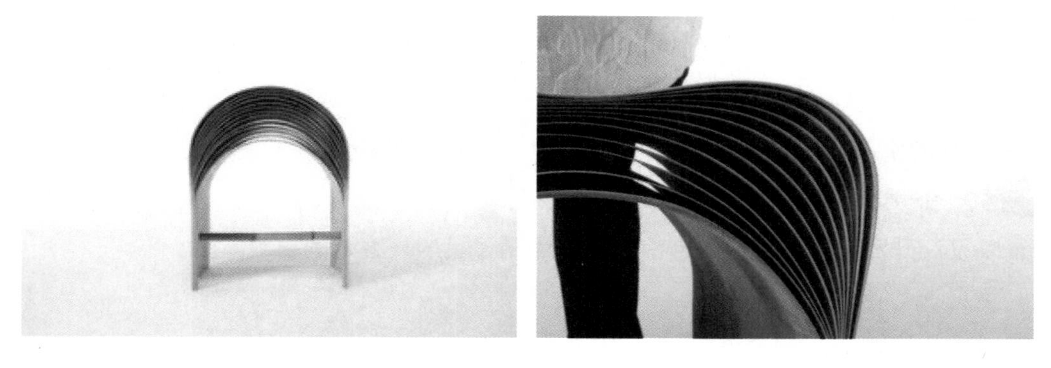

图6.16　杭州凳

如图6.17所示的榫卯结构是中国传统木家具及传统木建筑的构造核心和精髓。它决定了中国古建筑及家具的基本连接方式和形式特征。西南交通大学建筑与设计学院产品设计研发中心的生态设计小组叶沛榆等同学在黄涛教授的指导下完成了一组竹板材料的文房家具的设计。该课题的设计目标是探索一种有效的咬合结构，能使其独立完成家具的构造任务（无需钉子和粘接），并使这种构造方式能贯穿于整个系列家具设计上，在实现功能的同时也有别于传统的榫卯式样。已完成的竹板书房家具选择了碳化的竹板材。它符合生态设计的要求。所设计的结构合理有效，加工容易且安装方便。它仍然是榫卯结构系统中的一个部分，但又和传统的榫卯结构有了明显的差异和自己的造型特征。该构造在不同尺寸及不同功能的家具上有很好的适用性。

图6.17　竹板文房家具

三、知识链接

竹是中国民族文化中“君子”的象征，竹子深刻地影响了中国的精神文化。劳动人民在长期生产实践和文化活动中，把竹子的生物形态特征如空心、有节、坚韧、常青等，凝聚成一种做人的精神风貌，象征着无欲、清高、气节和脱俗，代表了中华民族的品格和情操。因此，竹制品，不仅仅具有使用的功能，还传承着中国传统的文化气息。

1. 原竹的应用

在我国，民间一直以来就有以竹做建筑和交通、家具及其他功能用品的优良传统。竹楼、竹筏、竹床、竹椅、竹席、竹帘、竹篮、竹篓、竹杖以及竹匾、竹屏、竹扇、毛笔等，大家都耳熟能详。竹制用品，不仅使用性能良好，具有很好的功用性和观赏性，而且自然环保，处处散发着中国传统的文脉气息。

2. 竹材人造板的应用

我国竹材的加工利用已由过去传统手工艺产品迅速发展为机械化生产，不仅仅开发了以竹材“软化一展平”工艺为核心的竹材胶合板，以竹材制篾工艺为核心的竹编、竹帘、竹材层压板，各种竹集成材的兴起和发展，也为竹材的开发利用开辟了一个崭新的空间。竹材集成材生产通常以毛竹（或者龙竹、麻竹等大径竹）为原料，将竹材原料加工成一定规格的矩形竹片，经过防腐、防虫防蛀、干燥处理后，后续工艺参照木材集成材的生产工艺进行精刨、组坯热压等，将竹片胶合加工成竹材集成材，再按照板式家具和框式家具的生产工艺流程制作成竹材集成材家具。各种竹材人造板特别是竹胶合板和竹集成材，耐腐、耐虫、强度高、韧性好，不仅仅用于家具产品，还可用于车厢底板、建筑模板、包装板等。深圳家具研发院设计开发了大量竹材人造板家具，受到了国内外客户的喜欢。

第三节　金属家具的结构与工艺

课题训练

课题内容：金属家具的结构与工艺

课题目的：1. 通过本章的学习了解金属家具的结构与工艺。

2. 掌握金属家具的结构与工艺的要点和方法。

课题要求：掌握金属家具的结构与工艺的基本设计要求。

课题教学：1. 让学生归纳自己身边的金属家具，绘制并测量其基本功能尺寸，在生活中寻找构成与工艺的问题。

2. 教师对学生所归纳的金属家具构成与工艺问题进行分析和点评。

3. 教师通过对布劳耶设计的悬臂椅、巴塞罗那椅、DKR金属丝网椅等设计案例的分析，向学生强调金属家具的结构与工艺的要点。

课题作业：绘制一个符合人机工程学的金属家具，包含三视图，效果图和必要文字说明，A3版面。

一、案例分析

金属椅作为人们日常生活中常见的、与人体接触密切频繁的金属家具，深受消费者喜爱，并带给设计师丰富的想象空间和创造力。与此同时，新材料、新技术和新工艺的发展，为金属椅造型设计提供了新的品质和新的变化。因此，我们有必要对金属椅造型特征进行研究和总结，结合现代家具设计理念，创造出更多符合时代要求的金属椅产品。

如图6.18所示，瓦西里椅是设计大师马歇尔·拉尤斯·布劳耶于1925年设计的世界上第一把钢管皮革椅。他采用钢管和皮革或者纺织品结合，还设计出大量功能良好、造型现代化的新家具，包括椅子、桌子、茶几等，得到世界广泛的欢迎。他也是第一个采用电镀镍来装饰金属的设计家。关于金属家具，布劳耶写道："金属家具是现代居室的一部分，它是无风格的，因为它除了用途和必要的结构外，并不期望表达任何特定的风格。所有类型的家具都是有同样的标准化的基本部分构成，这些部分随时都可以分开或转换。"这篇发表于1928年的文章，显示了包豪斯有关家庭用品的设计思想，已经超出了它最初的以手工艺为基础的出发点，1925年至1928年布劳耶设计的家具由柏林的家具厂商大批投入生产，同时他还为柏林的费德尔家具厂设计标准化的家具，这种标准化的家具生产方式为现代大批量的工业化的家具制作奠定了基础。

如图6.19所示的巴塞罗那椅，是由设计师密斯在1929年巴塞罗那世界博览会上，为了欢迎西班牙国王和王后而设计，同著名的德国馆相协调，它是现代家具设计的经典之作，为多家博物馆收藏。它由成弧形交叉状的不锈钢构架支撑真皮皮垫，非常优美而且功能化。两块长方形皮垫组成坐面（坐垫）及靠背。椅子当时是全手工磨制，外形美观，功能实用。巴塞罗那椅的设计在当时引起轰动，地位类似于现在的概念产品。时至今日，巴塞罗那椅已经发展成一种创作风格。

二、参考案例

如图6.20所示的DKR金属丝网椅，20世纪50年代初期，埃姆斯夫妇开始将他们的创造性技巧转移到了用不锈钢材料弯曲与焊接而制成的结构上。与10多年前的胶合板椅子一样，DKR椅也运用了许多第二次世界大战时期发展起来的军用科技。尽管DKR椅的凹面结构隐约还带有埃姆斯之前塑料椅子的痕迹，但在这里，它却由一系列呈等高线状的横竖钢条所构成。整个结构巧妙地由外缘的粗钢丝拉紧，网状结构的镶边轮廓则令其更为牢固。尽管拎起来有些分量，但整张椅子看上去却像一张3D草图般轻盈。埃姆斯夫妇又一次巧妙地将他们的混合搭配方式应用到椅子的基座上，令DKR椅可以适应不同场合、不同人群的各种需要。与可叠摞的不锈钢椅腿搭配之后，这把椅子可以在会议室这类需要经常移动和方便存放的场合使用。而如果配上优雅的“埃菲尔铁塔”基座，它就摇身一变为家庭餐厅里极具现代感的饰物。

如图6.21所示，Tolix椅是一把有味道、有态度的椅子，是享誉世界的著名设计家具，1934年由Xavier Pauchard设计，早期是作为户外用家具设计，力图展现法式慵懒而闲适的气质，近年来被全

图6.18　瓦西里椅
图6.19　巴塞罗那椅
图6.20　DKR金属丝网椅
图6.21　ToliX金属椅

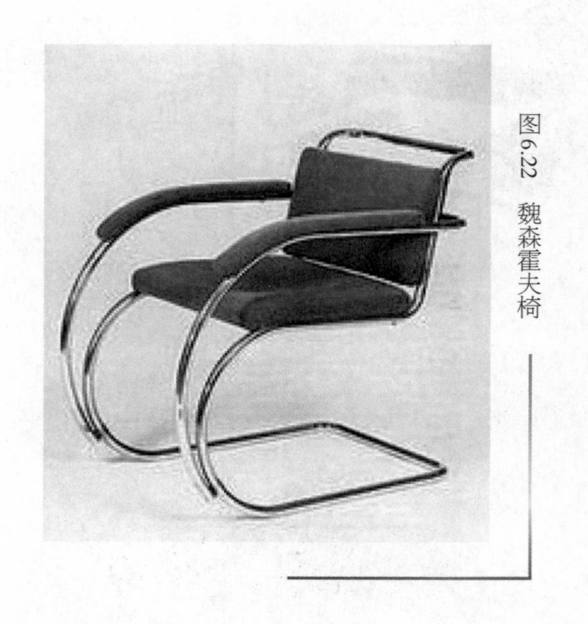

图6.22 魏森霍夫椅

世界时尚设计师所宠爱，从室外扩展到家居、商业、展示等多个用途，而此椅也不负众望在各类空间中均有上佳表现，特别是近年来与混搭、乡村、美式、怀旧、北欧简约、中式等主要装修风格搭配，都呈现出独特的韵味，也被时尚界赞为“百搭第一”椅。

如图6.22所示，魏森霍夫椅是密斯众多设计之一，密斯是著名的建筑师，于1928年提出了“少就是多”的名言。1929年他设计了巴塞罗那世界博览会德国馆，这座建筑物本身和他为其设计的巴塞罗那椅成立现代建筑和设计的里程碑。与布劳耶一样，密斯也长于钢管椅设计，1927年他设计了著名的魏森霍夫椅，其夸张的造型以及较高的舒适度给人留下了深刻的印象。

三、知识链接

金属家具的定义：主要部件由金属所制成的家具称金属家具。凡以金属管材、板材或棍材等作为主架构，配以木材、各类人造板、玻璃、石材等制造的家具和完全由金属材料制作的铁艺家具，统称金属家具。金属为现代家具的重要材料，可独立制成金属家具，也可和别的材料相结合，成为家具的某些部件。根据产品结构及装饰的需要，金属压铸件和铸造件在家具五金件制造中发挥着日益重要的作用。金属具有许多优越性：质地坚硬、张力强大、防火防腐。熔化后可借助模具铸造，固态时则可以通过碾压、压轧、锤击、弯折、切割和车旋等机械加工方式而制造各种形式的构件。金属材料分为黑色金属和有色金属两大类。黑色金属指的是以铁（包括铬和锰）为主要成分的铁及铁合金，在实际生活中主要使用铁碳合金，即铁和钢。有色金属是除黑色金属以外的其他金属，如铜、铝、铅、锌等及其合金，也称作非铁金属。

金属家具常用涂饰工艺：金属家具常用的涂饰工艺方法很多，在生产实践中按照施工的条件以及对产品质量要求等方面因素进行选择。⑴溶剂型涂料涂饰工艺；⑵粉末涂料的涂饰工艺。涂装方法有下面三种：流化床涂装法、静电流化床涂装法、静电粉末喷除法。

金属常见的工艺流程为：

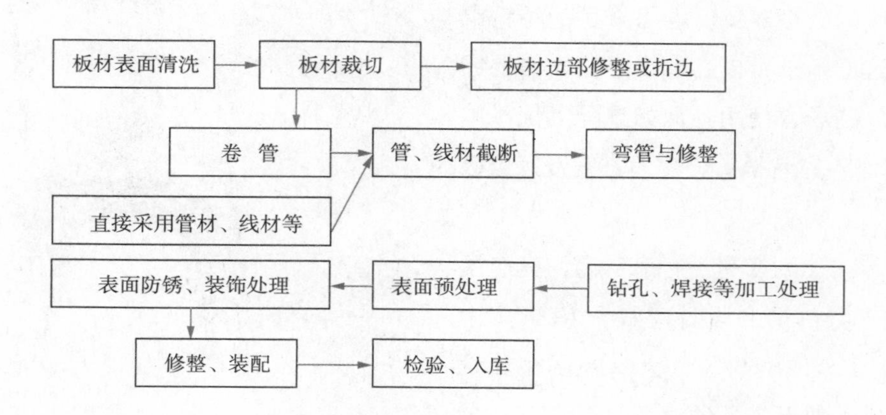

不论是金属板材还是金属管材、线材，使用前都应经过清洗，除去表面的油污、锈迹。当设计特殊规格的管型或非封闭管型截面零件时，需通过卷管机、卷板机对金属板材进行卷管或卷折加工才能得到。设计时尽量采用标准规格金属管材和材料，以降低和确保成本和确保产品质量。在预留加工耗损的前提下，截断管材、线材，裁板，按设计形状折板，并对端沿进行打磨处理。如果设计零件为圆弧状，则进行弯管加工。将零件进行焊接或卯接，使其成为整体性较强的部件。对零部件进行钻孔、整形等加工处理，最终加工成设计要求的形状和尺寸。

第四节　软体家具的结构与工艺

课题训练

课题内容：软体家具的结构与工艺

课题目的：1. 通过本章的学习了解软体家具的结构与工艺。

2. 掌握软体家具的结构与工艺的要点和方法。

课题要求：掌握软体家具的结构与工艺的基本设计要求

课题教学：1. 让学生归纳自己身边的软体家具，绘制并测量其基本功能尺寸，在生活中寻找构成与工艺的问题。

2. 教师对学生所归纳的软体家具构成与工艺问题进行分析和点评。

3. 教师通过Hose沙发、布艺沙发、安乐椅等设计案例的分析，向学生强调软体家具的结构与工艺的要点。

课题作业：绘制一个符合人机工程学的软体家具，包含三视图，效果图和必要文字说明，A3版面。

一、案例分析

软体家具主要指的是以海绵、织物为主体的家具，例如沙发、床等家具。软体家私属于家私中的一种，包含了休闲布艺、真皮、仿皮、皮加布类的沙发、软床。软体家私的制造工艺主要依靠手工工艺，主工序包括钉内架、打底布、粘海绵、裁、车外套到最后的扪工工序。由于受客观因素影响，越来越多的人选择小户型住宅，家具也从过去单一的实用性产品转化为装饰性、功能性为一体的个性化家居产品。软体家具由于设计精巧，方便使用，深受设计师重视和消费者的青睐。本书结合市场调研，分析了消费群体对于软体家具的需求，总结了现有软体家具的功能要素和组合方式以及材料、市场行情、软体家具在家具设计中的制造工艺等相关因素，展开探讨分析，使目标消费群体了解软体家具的制造工艺，同时也让目标消费群体得到视觉上和精神上的双重满足。

如图6.23所示，Hose沙发是一款拥有十足创意的沙发，这款沙发造型时尚简约，设计感十足，将人们对家具的设计感、舒适性和功能性都完美地结合在一起，满足了大多数人对于家具，特别是沙发的期待，即使在很小的空间里，也能让你享受到最多的功能。Hose沙发是由世界著名的家具品牌Coalesse旗下的知名设计师Patricia Urquiola设计打造，这款沙发将多种功能集于一身，而且在舒适感和时尚感方面同样毫不逊色，简约的线条设计对于大多数家庭来说都是最好的选择，在搭配上可以翻转展开的坐垫，更是享受到极致的舒适生活，而且还有多种颜色可供选择，最大限度地满足人们对家具的需求。而Hose沙发的设计以及舒适度，非常符合软体家具的工艺。

图6.23　Hose沙发

二、参考案例

如图6.24所示，布艺沙发主要是指主料是布的沙发，经过艺术加工，达到一定的艺术效果，满足人们的生活需求。它们具有不同的特质，丝质、绸缎面料的沙发高雅、华贵，给人以富丽堂皇的感觉；粗麻、灯芯绒制作的沙发沉实、厚重，吹来的是自然、朴实的风。从花型上看，可以选择条格、几何图案、大花图案及单色的面料做沙发。条格图案的布料看起来整齐、清爽，用它来制作沙发，在设计简洁、明快的居室中十分适宜；几何及抽象图案的沙发给人一种现代、前卫的感觉，适于现代派家庭；大花图案的沙发跳跃、鲜明，可以为沉闷、古板的家庭带来生机和活力；单色面料非常盛行，大块的单一颜色给人平静、清新的居室气氛。

图6.24　布艺沙发

如图6.25所示，随着人们对生活品质的追求，生活用品越来越多样化，21世纪的人类生活中，工作是必不可少的一部分，且随着社会的进步发展，人们需要努力的工作甚至经常打乱自己的生物钟，这让身体疾病变得越来越多，然而人们逐渐认识到了这一点，也学会了如何去科学地提高自己的睡眠质量，好的床垫就是好的睡眠质量的前提，于是水床垫诞生了。水床垫是床垫的一个种类，具有耐用、杀菌去螨、节能省电等诸多优点。主要结构是装满水的水袋置于床框之中，通电之后保持自己想要的温度。

如图6.26所示，它是用塑料小球填充的大型沙包。人坐在大沙包上面的时候，沙包能适应人体的形状，人坐着坐着就舒适到不想站起来，所以豆袋椅又叫做懒人沙发。这个软塌塌的家伙是用皮革或织物的袋子装上无数聚苯乙烯颗粒制成。豆袋椅几乎放弃了传统椅子的所有部位——座位、靠背、扶手、椅腿，而是可以按照使用者的体型和姿势来随意塑造自身的形态，摆在家里甚至还可以当成一件装饰雕塑。作为后世无数豆袋椅（包括宜家里的类似作品，当年曾流行一时，很受小资青睐）的原型，豆袋椅开创了家具设计的全新时代。如今，豆袋椅已成为设计史上的经典作品，被包括纽约现代艺术博物馆在内的著名博物馆收藏，并经常出现在设计史教材中。

三、知识链接

（1）软体家具：凡支撑面含有柔软而富有弹性软体材料的家具都属于软体家具。软体家具包括沙发、软椅、软凳、软弹簧床等。表面用软体材料装饰的床屏家具亦属于此类。

（2）软体家具的木架结构：以图6.27所示的沙发为例，沙发的基本结构，有由靠背、座身、扶手、脚（支架）组成的包木沙发，也有由靠背、座身连接扶手、抵挡组成支架的出木沙发，以及具有多种使用功能的多功能沙发。虽然形式不同，但基本结构都是类似的。

（3）软体结构的种类：按照软体部分的厚薄可以分为薄型软体结构和厚型软体结构。

（4）使用螺旋弹簧的软体沙发结构，如图6.27所示。

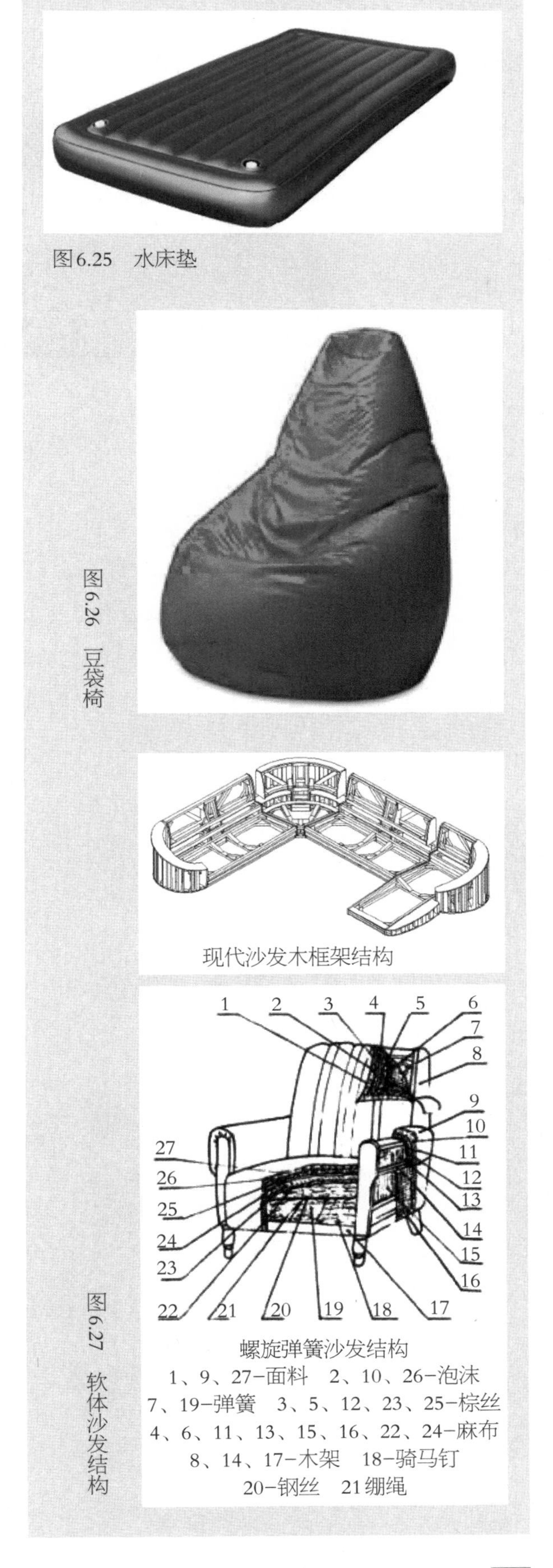

图6.25　水床垫

图6.26　豆袋椅

现代沙发木框架结构

螺旋弹簧沙发结构

1、9、27–面料　2、10、26–泡沫

7、19–弹簧　3、5、12、23、25–棕丝

4、6、11、13、15、16、22、24–麻布

8、14、17–木架　18–骑马钉

20–钢丝　21绷绳

图6.27　软体沙发结构

四、作品欣赏

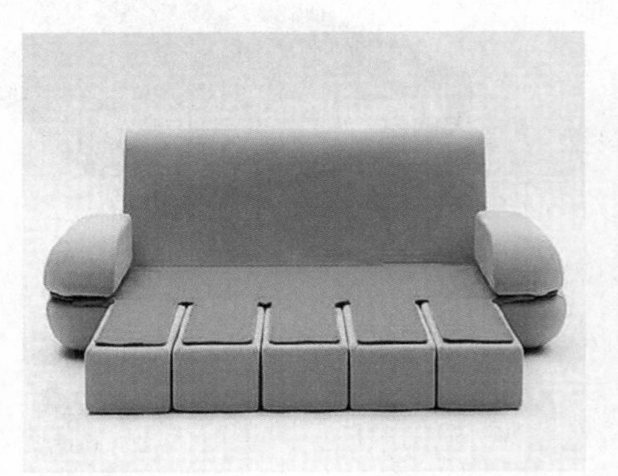
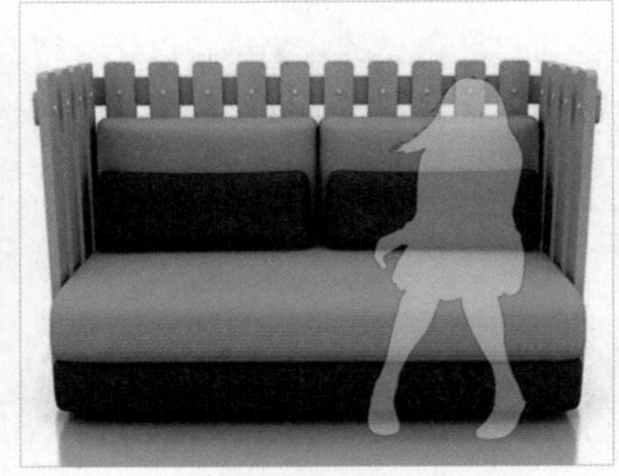

图6.28 创意软体沙发

本章思考与练习

1. 设计一套板式家具，并绘制出全套的工艺图纸。
2. 框式家具构造的特点是什么？有哪些结构类型？
3. 参观不同类型的家具工厂，学习了解现代家具生产的整套工艺流程。

第七章　家具艺术装饰设计

◆ **学习要点及目标**

1. 了解家具装饰的概念、作用、历史及分类
2. 熟悉家具的功能性装饰和艺术性装饰两大类
3. 掌握家具装饰设计要素的主要内容

◆ **核心概念**

家具装饰设计、家具装饰方法、家具设计要素

如图7.1所示的安妮女王式座椅是洛可可家具的风格类型之一，是英国18世纪时期流行的主要家具风格。安妮女王式家具以轻盈优美的猫脚（Cabriole Leg）特征，以胡桃木作为主要材料，为了与之相呼，家具表面素静、简洁，没有过多的装装饰。只是偶尔在局部进行镀金或雕刻装饰。细腻、优美的贴木和镶嵌细工是这个期的一个特色。同时，受中国风格的影响，有的家具中应用了油漆彩绘，通常以黑、红为主。

图7.1　安妮女王式座椅

总之，安妮女王式家具是一种非常英国化的家具，它以简洁的造型、洗练的装饰、均衡的比例和完美的曲线表现出一种优雅、理性的美。优美的S形曲腿是安妮女王时期家具的最重要特征，这种优雅的曲线被应用在椅子、桌子、餐具柜、烛台等众多家具的腿部，成为安妮女王式家具的典型标志。这种风格的家具与17世纪后期的威廉·玛丽式产生了鲜

明的对比，以轻盈、优美、典雅的曲线，博得人们的喜欢。虽然安妮女王统治英国只有13年，但这一时期设计的家具却流行了数十年，甚至到今天，安妮女王式仍然是英美家具设计的主流系列之一。由此可见，家具的装饰设计在家具设计发展当中尤为重要，并随着时代的变化不断地发展进步。

第一节　家具装饰概述

课题训练

课题内容：家具装饰

课题目的：1. 通过学习本章节的内容了家具装饰的重要性。

2. 掌握家具装饰的概念及作用。

课题要求：了解并掌握家具装饰的概念及作用

课题教学：1. 让学生自己收集家具装饰的素材，并分类。

2. 教师对学生归纳的家具装饰类型进行点评。

3. 归纳总结中外家具装饰的特点。

课题作业：绘制两把富有装饰性的椅子，包含三视图、效果图和必要的文字说明，A3版面。

一、家具装饰概念及作用

随着人们生活水平的不断提高，对于家具的要求也越来越高（尤其是木制作家具），其中对家具用材的纹理、色彩、树种、要求就更高。然而，森林资源日益减少，珍贵树种、优等材也越来越少，如选择优等、珍贵材种制造家具，必然会使家具的价格非常昂贵，因此最有效的解决方法就是采用更先进的木材加工技术，对木制家具做表面的技术处理，以实现天然珍贵木材的效果。

家具装饰是改善家具外观的一个重要方面。家具装饰是指用涂饰、贴面、烙花、镶嵌、雕刻等方法对家具表面进行装饰性加工的过程。家具装饰可在家具组装后或组装前进行，而且常将多种装饰方法配合使用。家具装饰使家具更为美观，具有与造型相协调的色彩、光泽、纹理，有效地遮盖瑕疵，使人们产生美感和舒适感，并且在家具表面覆盖一层具有一定耐水、耐热、耐候、耐磨、耐化学腐蚀的保护层，就可以达到保护家具、延长使用寿命的目的。同时，还可通过涂料进行模仿高级家具外观，提高家具的档次，是增进经济效益的一种有效方式。

二、家具装饰发展概况

公元前2000多年，我国古人就开始从野生漆树上采集天然漆制成精美的家具和生活用具，尤以楚时期的最为精美。古埃及也利用阿拉伯树胶及蛋白等制成色漆。在合成树脂涂料出现之前，虫胶漆和硝基漆曾是高级家具的主要涂料。20世纪20年代出现了苯酚树脂漆，才改变了家具用涂料完全天然材料的状况。随着化学工业的发展，合成树脂涂料的种类也越来越多。现在氨基树脂漆、醇酸树脂漆、丙烯酸树脂漆、聚酯树脂漆、聚氨酯树脂漆等都在家具装饰中得到应用。涂饰技术也从作坊的手工操作发展到能适应大规模生产的现代化机械涂装。40年代出现了三聚氰胺树脂装饰板。50年代出现了聚氯乙烯塑料薄膜、低压型合成树脂浸渍纸、装饰纸等贴面材料，使家具表面的装饰更加丰富多彩。

近代金属家具的表面装饰方法主要是涂饰、电镀及氧化。1962年法国研究成功静电粉末喷涂技术，使金属家具表面涂装有了新的发展。塑料家具的主要原料为ABS塑料及聚苯乙烯等。通常在塑料中加入着色剂，使之具有一定色彩或特殊的光学性能。对较高级的产品用还用涂饰、丝网漏印等方法进行表面装饰。

木制家具表面装饰的主要方面有涂饰、贴面、烙花、镶嵌、雕刻等。传统的框式家具一般以涂饰方法为主，并且是在家具组装后进行。板式家具大多由表面已经有装饰的人造板或细木工板经封边后制成的板件组装而成，一般不进行装饰或只进行简单的最终涂饰。（图7.2、图7.3）

图7.2　中国传统漆案

图7.3　西方传统漆桌

三、知识链接

中国古代家具主要装饰手法和特点：

髹漆：在家具上髹漆和绘漆，这是春秋战国时代家具的首要特色。在我国，种植漆树的历史虽然很久，但是漆家具的兴起，无疑是在春秋战国。这时的彩漆家具，色彩艳丽，黑地为主，配以红、绿、黄、金、银等多种颜料彩绘图案，朴素而又华美，是漆家具的全盛时代——汉代家具的序幕。

雕刻：用浮雕和透雕的手法装饰家具，这是战国漆木家具的又一特点。

清代家具最喜用透雕，在椅子的背板、桌案的牙条、挡板等部位，使用整块透雕，明显突出剔透、空灵的效果。其次是浮雕，也有时两者兼用。到了清中期以后，雕饰达到了高潮，有时一件家具竟然通体满雕，令人目不暇接，满得叫人透不过气来，以至于忽视了结构的合理，忽视了实用价值。

透雕是留出需要的图案，将地子全部挖掉。留出的图案还要做成立体的效果，也就是再作雕工。透雕可以两面雕，也可以只作一面雕。

四、作品欣赏

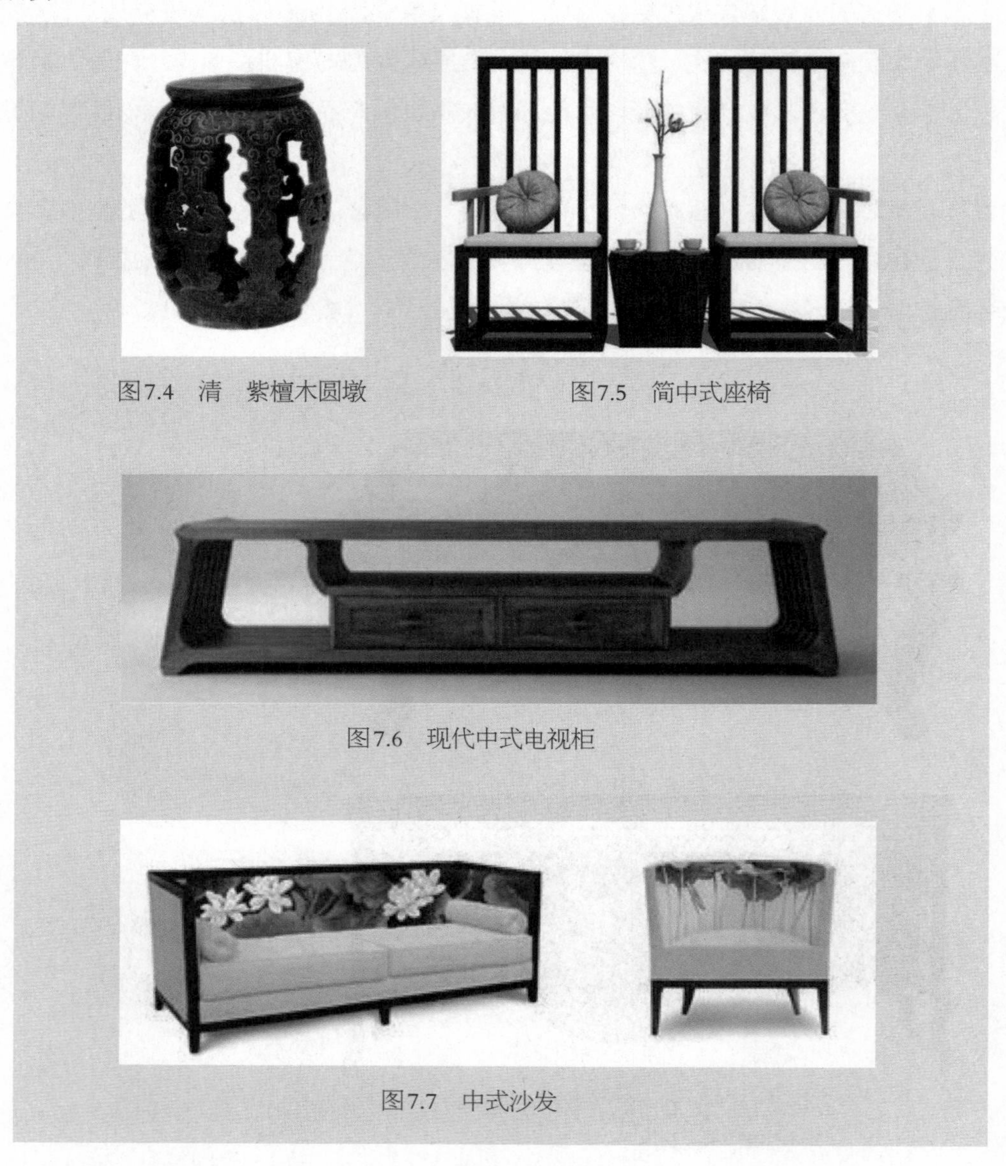

图7.4 清 紫檀木圆墩

图7.5 简中式座椅

图7.6 现代中式电视柜

图7.7 中式沙发

第二节 家具装饰方法

课题训练

课题内容：家具装饰方法

课题目的：1. 通过学习本章节的内容了家具装饰的方法。

2. 掌握家具装饰的方法，功能性装饰和艺术性装饰。

课题要求：了解并掌握各种类型的家具装饰材料

课题教学： 1. 让学生自己收集各种类型的装饰性家具。

2. 教师对学生收集的装饰性家具进行点评。

课题作业： 运用两种以上家具装饰方法绘制富有装饰性的餐桌，包含三视图、效果图和必要的文字说明，A3版面。

一、案例分析

如图7.8所示的宜家茶几采用清漆将桌面与外界隔绝，在保护家具的同时也让家具的自然纹理呈现出来。现代家具表面装饰方法很多。根据装饰方法，分为功能性装饰和五金件装饰；根据加工方法，分为手工和机械两大类；根据饰面材料，分为贴木皮、贴装饰纸、贴浸渍纸、贴装饰层积板、贴PVC、贴金属片、贴布、贴皮革、贴转印膜等；根据基材，分为实木、中密板、高密板、刨花板、细木工板、橡胶等；根据加工技术，分为平面贴面技术、包覆技术、真空覆膜技术、热转印技术、直接印刷技术等；根据零件需要装饰的外形可以把零件分为两类，平面装饰零件和立体装饰零件。从性质上装饰方法可分为两种：一种为功能性装饰；一种为艺术性装饰。

图7.8　宜家茶几

二、知识链接

1. 功能性装饰

功能性装饰主要分为涂饰装饰和贴面装饰两大类。通过功能性装饰，将家具表面与空气、阳光、水分、酸碱等外界物质隔绝开来，从而起到保护家具与美化家具的作用。

(1) 涂饰装饰

涂饰装饰是用涂料、颜料、染料、溶剂等原辅材料，使用涂饰工具与设备，按一定的工艺操作规程将涂料涂布在家具表面上，直接改变家具表面光泽、色彩、硬度等理化性能的装饰方法。

① 透明涂饰

俗称显木纹涂饰，是采用各种透明涂料涂饰在由优质阔叶材或薄木贴面制成的家具表面的一种施工工艺过程。家具经透明涂饰后原有木纹仍能清晰地显现，使色彩更为美丽。

透明涂饰一般分3个阶段进行，即表面处理、涂饰及漆膜修整。表面处理包括砂光、去木毛、去树脂、脱色、嵌补等工序。木料表面经砂光处理后变得光滑、洁净，以保证涂饰质量。涂饰包括着色、填孔、涂底漆、涂面漆等工序。着色是为了使木材原有的天然色彩更为鲜明或使之具有所需的色彩，还可使木材的材色均匀，掩盖其存在的色斑、变色等缺陷。为了得到理想的色彩，往往几种着色方法需同时使用。填孔是将涂料、颜料、溶剂等调配成的膏状填孔剂填平木材表面的导管槽，使被涂饰面变得平滑，原有木纹更为明显。涂底漆主要是为了封闭填孔剂，使面漆能很好附着，并减少面漆消耗。涂面漆是为了保护着色层，并形成具有一定厚度、光泽的漆膜。为了达到所需的漆膜厚度，面漆常需反复漆饰多次。每次涂布后需经干燥后才能涂下一道。对涂饰质量要求高的产品，还要进行漆膜磨光、抛光等修整，使漆膜表面光滑，达到一定的光亮度。

② 不透明涂饰

不透明涂饰：俗称彩色涂饰，是采用不透明涂料涂饰在由针叶材或色彩纹理较差的家具表面的一种施工工艺过程。家具经涂饰后，原有木纹及颜色完全被遮盖，漆膜的色彩直接由所使用的各种不透明涂料形成。

不透明涂饰中，根据涂饰要求确定色彩后，就可以选择相应的不透明涂料直接进行涂饰。由于不透明涂料带有各种色彩，涂饰后木纹即被掩盖，不显露原有的纹理，因此，无显露纹理的有关工序（如脱色、着色等工序），工序相对简单。但不透明涂饰和透明涂饰的涂饰工艺基本相同，也需要经过底屋处理涂饰底漆、涂饰面漆、抛光等工序。

图7.9 不透明涂饰儿童家具

（2）贴面装饰

用胶粘剂将具有装饰效果的薄木、纸张、箔、薄膜粘在家具表面上的装饰方法。家具常用的贴面材料有薄木、三聚氰胺树脂装饰板、合成树脂浸渍纸、聚氯乙烯（PVC）塑料薄膜、印刷装饰纸和其他软饰面材料。所用的加工方法为热压、冷压等方式。由于装饰材料的不同，所采用的装饰技术的要求也不相同。

① 薄木

薄木是木材经旋切、半面旋切、刨切而制成的花纹美丽、色泽悦目的一种装饰材料。薄木贴面是目前家具平面零件最常见的一种装饰方法，它适合各种档次家具的装饰。高档家具采用珍贵树种，普通家具则采用一般树种，而其芯材主要有中密度板、刨花板、细木工板和多层胶合板等。除天然薄木外，还可利用纹理不明显的薄木经染色、层积胶合成木方，再经刨切制得具有人造纹理的薄木——组合薄木。用于家具贴面的薄木厚度一般为0.6~0.8mm及0.2~0.3mm，甚至更薄。贴面的胶合剂一般为脲醛树脂胶与聚醋酸乙烯乳液胶的混合胶。脲醛树脂胶胶合强度及耐水性能都比较好。而聚醋酸乙烯乳液胶胶膜柔软，可防止透胶。二者的配比视薄木厚度及树种而异。薄木可采用冷压或热压的方法贴面，贴面后表面尚需进行透明涂饰。

图7.10　薄木制作与薄木

薄木具有天然木材的优点，又有多种纹理和色彩，可拼出美丽的图案，所以是受人们喜爱的一种装饰材料。拼花时对于薄木的接缝处理、薄木纹理的选择、薄木正反面的选择以及纸带的贴法都对最终贴面质量产生影响，薄木的不同纹理方向，其收缩量不同，因此拼花要注意薄木纹理方向的搭配。

图7.11　薄木贴面书柜

② 三聚氰胺树脂装饰板

三聚氰胺树脂装饰板，又叫树脂层压板，是由多层专用的高压三聚氰胺树脂浸渍纸和酚醛树脂浸渍经高温、高压压制而成的纸质层压板。板面美观，有印刷木纹和其他图案；色泽鲜明，有有光、柔光或仿皮革、仿金属、仿编织物、仿大理石等表面；硬度大，耐磨、耐热、耐水性好，耐化学腐蚀；表面平滑光洁，易于清洗。由于它具备了天然木材所不能兼备的优异性能，因此常用于桌类等耐磨性要求高的家具。一般用脲醛树脂胶冷压或热压贴面。

图7.12　三聚氰胺树脂装饰板

③ 合成树脂浸渍纸

合成树脂浸渍纸是以专用的纸张做原纸（如钛白纸、牛皮纸），浸渍合成树脂，经干燥后制成的胶膜纸。常用的合成树脂有低压三聚氰胺树脂、邻苯二甲酸二丙烯酯树脂、苯鸟粪胺树脂、酚醛树脂、脲醛树脂等。浸渍纸树脂的含量取决于贴面后板面的光泽及耐磨性能的要求。合成树脂浸渍纸需经热压贴面。热压的温度、时间、压力随合成树脂种类而异。

图7.13　合成树脂浸渍纸

④ 印刷装饰纸

以20~30g/m²的薄页纸或40~120g/m²的钛白（二氧化钛）纸为原纸，经凹版印刷木纹或图案而成。印刷装饰纸贴面工艺简单，可实现连续化生产，装饰表面美观，有暖色感。表面有一定的耐磨、耐热、耐水、耐污染等性能。常用于普通家具的装饰。用脲醛树脂与聚醋酸乙烯乳液的混合液，在80℃~120℃温度下经平压或辊压贴合。贴面后表面常需进行透明涂饰。

图7.14　印刷装饰纸

⑤ 软贴面材料

家具的贴面装饰除了应用上述材料外，还可以应用许多其他材料，如纺织品、皮革、人造革等。它们也常用作家具的表面装饰，使家具表面色泽、肌理更富于变化和表现力。

2. **艺术性装饰**

艺术性装饰是指主要用于家具表面局部点缀性装饰的装饰方法，包括雕刻、烙花、镶嵌、彩绘、描金等。

（1）雕刻

雕刻艺术历史悠久，我国的木雕艺术起源艺术于新石器时期，如距今7000多年前的浙江余姚河姆渡文化，已出现木雕鱼。秦汉两代木雕工艺趋于成熟，雕刻技术日益精致完美。

雕刻是用手工或上轴立式铣床将板面铣成各种图案。通过不同的雕刻方法创造不同的艺术效果，雕刻装饰多出现在床屏、椅子靠背、扶手端部和柜顶等家具部件上。一般雕刻装饰多为手工进行，也可以用镂铣机来完成。最新型的镂铣机配有数控装置，铣刀可按穿孔带输入的程序进行铣削，形成各种立体图案。

① 线雕

线雕是在木材表面刻出粗细、深浅不一的内凹的线条来表现图案或文字等的一种雕刻方法。它是以线条为主要造型手段，具有流畅自如、清晰明快的特点，犹如中国国画中的“白描”，在古典家具中并不常用，只是偶一为之，主要是用来装点某一局部，大面积使用者更是十分罕见。如图7.15所示的线雕笔筒。

图7.15　线雕笔筒

② 浮雕

浮雕也叫凸雕，是在木材表面刻出凸起的图案纹样，呈立体状浮于衬底面之上，较之平雕更富于立体感。浮雕图案由在木材表面凸出高度的不同而分为低浮雕、中浮雕和高浮雕三种。无论是低浮雕还是高浮雕，对材料的客观条件要求很严，尤其是深浮雕的要求则更加严些。首先是韧性，材料必须具有一定的强

图7.16　浮雕椅

图7.17　圆雕椅

图7.18　清式透雕架子床

图7.19　螺钿竹筒

度，能耐住使用时善意冲击，所以深浮雕的家具大都是硬木家具。其次是适用性，这个概念较为宽泛，比如材质的横向定刀有无可能，打磨是否容易，材质的纹理与雕刻是否冲突等。

③ 圆雕

圆雕是一种立体状的实物雕刻形式，可供四面观赏，是雕刻工艺中最难的一种。这种雕刻应用较广，人物、动植物和神像等都可表现，家具上往往利用它作为装饰件，尤其是作为支架零件。观赏者可以从不同角度看到物体的各个侧面。它要求雕刻者从前、后、左、右、上、中、下全方位进行雕刻。由于圆雕作品极富立体感，生动、逼真、传神，所以圆雕对材料的选择要求比较严格，从长宽到厚薄都必须具备与实物相适当的比例，然后雕师们才按比例“打坯”。圆雕一般从前方位“开雕”，同时要求特别注意作品的各个角度和方位的统一、和谐与融合，只有这样，圆雕作品才经得起观赏者全方位的“透视”。如图7.17所示的圆雕椅。

④ 透雕

透雕又叫穿空雕，是将装饰件镂空的一种雕刻方法。透雕可分为两种，一种是在木板上把图案纹样镂空成透孔的叫透雕；另一种是把木板上除图案纹样之外的衬底部分全部镂空，仅保留图案纹样，称为阳透雕，如图7.18所示。

⑤ 镶嵌

镶嵌是先将不同的木块、木条、兽骨、金属、象牙、玉、石、螺钿，以至琥珀、玛瑙、珊瑚、宝石等组成平滑的花草、山水、树木、人物及各种自然景物的图案花纹，而后再镶嵌到已铣出花纹槽（沟）的家具部件表面，整体色泽光闪明亮，璀璨华美。这种装饰方法把中国家具文化、陶瓷文化及绘画文化等有机结合在一起，从而塑造出典型的富有中国文化气息的家具。

（2）烙花

当木材被加热到150℃以上时，在炭化以前，随着加热温度的不同，在木材表面可以产生不同深浅的棕色，烙花就是利用这一性质获得的装饰画面。烙花的方法有：笔烙、模烙、漏烙、焰烙等方法。如图7.20所示的烙花装饰摆件。

（3）绘画装饰

就是用油性颜料在家具表面徒手绘制，或采用磨漆画工艺对家具表面进行装饰的方法。

（4）描金

是在素漆家具上用半透明漆调成彩漆，在漆地上描画花纹，然后放入温湿室，等漆干时，在花纹上打金胶，用棉球着最细的金粉贴在花纹上的装饰。

（5）模塑件装饰

就是用可塑性材料经过模塑加工得到具有装饰效果的零部件的装饰力法。一般采用聚乙烯、聚氯乙烯与木纤维的混合物进行模压或浇注等成型加工。模塑件装饰也用于中式家具中难以加工的家具部件，如造型复杂的床屏、椅子的靠背和柜子的装饰。

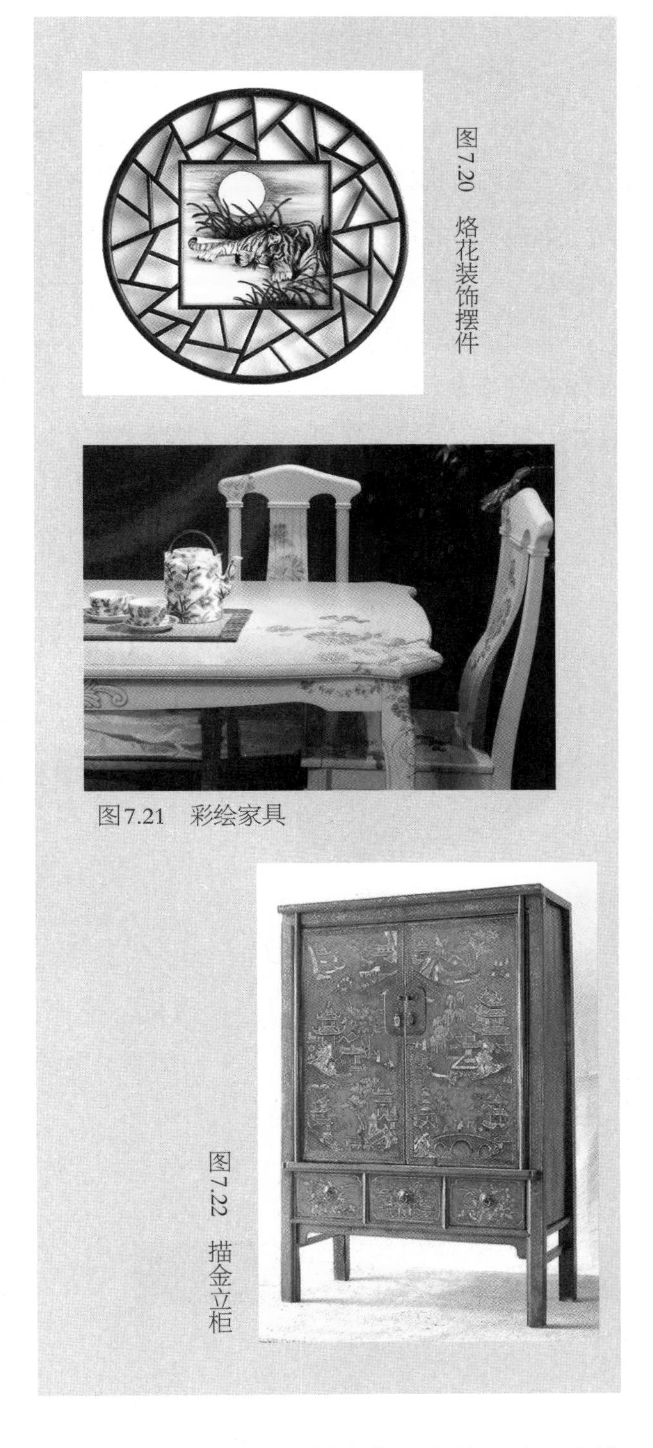

图7.20　烙花装饰摆件

图7.21　彩绘家具

图7.22　描金立柜

现代木家具涂料的几种类型：

① 硝化纤维素涂料（硝基涂料）（NC）

六大优点：单组分，易施工；固化快（30min），且涂饰后涂膜易于修补；具有一定的耐水性、耐油性、耐污染与耐稀酸性；没有可使用时间限制；涂膜耐摩擦性良好，有一定机械强度；成本低。

五大缺点：固体含量低，要获一定厚度的涂膜，费工耗时；大量溶剂在干燥时逸散到大气中，会污染环境；涂膜薄、硬度低、耐碱性差；涂膜耐溶剂性差；涂膜易受湿度影响，天气潮湿易白化，不耐黄变。

应用场合：目前我国大部分出口家具、工艺品及室内装修广泛使用硝基涂料涂饰，尤其显孔亚光涂饰首选硝基涂料。硝基涂料可采用多种涂饰方法，现代涂饰多以空气喷涂为主。

② 紫外光固化涂料（UV）

它属于辐射固化。光敏固化特点是当光敏剂受一定波长紫外光线（主波长3650A）照射时，光敏剂吸收特定波长的紫外光，化学键被打断，解离生成活性游离基，引发光敏树脂与活性稀释剂中的活性基团产生连锁反应，迅速交联成网状体型结构而固化成膜。光停则固化立即停止。

应用场合：光固化木器涂料是光固化涂料产品中产量较大的一类。国内UV涂料的应用主要集中在地板、木门及平板状家具部件的生产上。

③ 水性涂料（W）

优点：无毒无味，不挥发有害气体，不污染环境，施工卫生条件好；用水作溶剂，价廉易得，净化容易，节约有机溶剂；施工方便，涂料黏度高，可用水稀释，施工工具设备容器等可用水清洗。

缺点：水性涂料中的水分容易被木材吸收导致导管膨胀，影响产品外观并有粗糙感，通过采用适当的涂料、设备和砂光相结合，可以使其达到一个可接受的标准。

应用场合：水性木器涂料的发展虽然已经取得了较大的进步，但是，现在大部分水性木器涂料仅用于室内装修及普通家具上，限于门、窗、柜、地板，一些在应用当中无需太高硬度的家具用品，如门、书柜、床等，已经完全可以采用水性涂料取代以前的溶剂型涂料。

三、作品欣赏

图7.23 创意座椅

图7.24 多功能家具

图7.25 创意沙发

第三节 家具装饰要素

课题训练

课题内容： 家具装饰要素

课题目的： 1. 通过学习本章节的内容了解家具装饰要素。

2. 掌握家具装饰要素线型与线脚、脚型与脚架和顶饰与帽头的设计要领。

课题要求： 了解并掌握家具装饰要素线型与线脚、脚型与脚架和顶饰与帽头的设计要领。

课题教学： 1. 让学生手绘各种类型的家具样式，并重点分析其线型与线脚、脚型与脚架和顶饰与帽头的设计。

2. 教师对作业进行点评，并安排新的设计任务。

课题作业：运用两种以上家具装饰要素绘制床头柜，包含三视图、效果图和必要的文字说明，A3版面。

一、案例分析

如图7.26所示的古典欧式家具，其造型优美，稳定中带有轻巧，简朴中显情趣，线型圆畅中含转折变化。家具整体的尺度及各部分的比例都十分讲究实用和审美的有机统一。

造型不以华取胜，不滥加装饰，偶然施用雕饰也是以线为主，或用小面积的精致浮雕或镂雕、圆雕及线刻的方法，增加装饰性。通过木嵌、象牙嵌、螺钿嵌及百宝嵌，镶嵌出不同的图案，如山水、花卉、草虫。或加上银、铜装饰物，以小面积的点缀，与大面积的明净简洁形成鲜明的对比，利用木材本身的纹理，用宽窄、粗细、长短、深浅、凹凸及平面多种不同的脚线，来增加家具的线条变化，取得和谐统一、变幻多姿的效果，自然而大方。

图7.26　古典欧式家具

二、参考案例

罗马风格家具

哥特式风格家具

文艺复兴风格家具

巴洛克风格家具

洛可可风格家具

新古典主义风格家具

图7.27　古典欧式代表风格

古典欧式风格是追求华丽、高雅的古典，设计风格直接对欧洲建筑、家具、绘画、文学甚至音乐艺术产生了极其重大的影响，具体可以分为六种风格来简述：罗马风格、哥特式风格、文艺复兴、巴洛克风格、洛可可风格、新古典主义风格。其中代表风格是：巴洛克风格、洛可可风格。古典欧式家具最为完整地继承和表达了古典欧式风格的精髓，最为让后世所熟知，塞特维那皇室家具为代表的古典欧式家具完整保存了古典欧式风格，在传承、发扬古典欧式文化起到了重要作用。

1. **起源**

历史上，古典欧式风格经历了古罗马、古希腊的经典建筑的融合后，逐渐形成了具有山花、雕塑、门损、柱式等主要结构的石质建筑装饰风格。在文艺复兴之后，古典欧式风格中的洛可可、巴洛克风格在欧洲建筑室内设计风格中起到了无法替代的关键作用。而后，形成了法式和英式具有代表性的室内装饰流派。

2. **构成因素**

家具材料：柚木，橡木、胡桃木、黑檀木、天鹅绒、锦缎和皮革等，五金件用青铜、金、银、锡等。

图案：涡卷与贝壳浮雕是常用的装饰手法，雕刻丰富多彩，追求奢华，表面镶嵌贝壳、金属、象牙等，木片镶嵌，整个色彩较阴暗，表面采用漆地描金工艺，画出风景、人物、动植物纹样（这是受中国清朝描金漆家具的影响），有些家具雕饰上包金箔。

色彩：白、红、金和少量黑色，以白色为主。

饰品：绘画利用透视手法营造空间开阔的视觉效果。雕塑充满动感，富有激情。

在家具配置上，主体材质缅甸桦桃木，产品设计厚重凝练、线条流畅、高雅尊贵。在细节处雕花刻金，一丝不苟，丝毫不显局促。

三、知识链接

1. 家具的线型与线脚

(1) 线型

线型是找家具的面板、顶板、旁板等部件可见边缘的型面。此装饰手法以欧式古典家具使用最为广泛，并延续至今。装饰手法简洁并极具风格特点。如图7.28所示用线型装饰的欧式家具。

图7.28　用线型装饰的欧式家具

(2) 线脚

线脚是指家具中部件截断面边缘线的造型线式。它所呈现的形状是在方（包括长方形）与圆（或椭圆）之间产生的种种形变，或凹或凸或平……这些线条的各种造型，民间工匠则称之为“线脚”。“线脚”是我国明清家具造型的独特手法之一。(图7.29)

然而，明清家具中线脚的应用并不是空穴来风，而是根据结构需要顺势取得再加以润饰的。由于家具各种部件实际需要的形状和轮廓线形的变化，有时在形体上并不能完全取得统一的效果。为了使各种造型要素融洽协调，加强形体线型的表现力，明代匠师们便在家具中运用了“线脚”。

图7.29　用线脚装饰的家具

此外，“线脚”还具有丰富家具形体空间层次感的作用，如桌面、几面、椅子座面等边抹的线脚，以各种“冰盘沿”的形式反映出各种不同的个性特征来，有平和或锐利的，宽厚或精巧的，隽丽或肥美的，挺拔或朴质的，显亮或含蓄的……同时，通过线脚，可使家具部件协调、上下一致，反映出家具实体形态的内质和精神。而线脚的凹凸又能够产生光质效果，使家具的造型更加充实完满，艺术情趣更加生动鲜明，家具的精致或粗陋，简练或复杂，高风亮节或暗淡失色，往往在线脚的一进一出，一鼓一洼，一松一紧，一宽一窄，一肥一瘦之间。线脚的语言近乎成了明清家具造型的本质性要素之一，凡优秀的明清家具都离不开线脚的精心设计和匠心独运。

2. 家具的脚型与脚架

(1) 脚型

家具的脚在家具中是起支撑作用，使家具底板能腾空具有良好的通风性，在支承式家具中决定面板(凳面、台面)离地高度。同时，也是家具形体艺术美的重要表现方法。古代不少家具由于脚型独特的艺术美，而形成独特的风格而区别于其他的家具。

家具脚型艺术变化是无穷的，前人已创造出无数争奇斗艳的脚型，为广大群众所喜爱。但脚型的艺术方法可归纳为以下几种：

① 由各种有规则的几何形体组合而成

A. 单一几何形体的脚型，如圆柱体，圆锥体，螺旋体，等边或不等边棱柱体，方锥体等几何体直接形成的脚型，形体较为单调。

B. 复合几何形体的脚型：

由上述几何组合而成的脚型，其变化就较多，可以创造许多形体的较优美的脚型，由几何体组合型，多数脚的中心线为直线，故又有直脚型之称。

② 仿生物法(模拟生物的形态)

由于大自然界有着千姿百态美丽动人的动植形态，其中有很多被人们所熟悉，所喜爱，有的成为吉祥物、权威地位的象征。于是自然界中的花卉、果子、禽兽等可成为家具设计师取之不尽、用之不竭的艺术源泉，以此为素材塑造出来的脚型变幻无穷。

图7.30 用脚型装饰的家具

(2) 脚架

由脚和拉档(或望板)构成的用以支撑家具主体部分的部件。

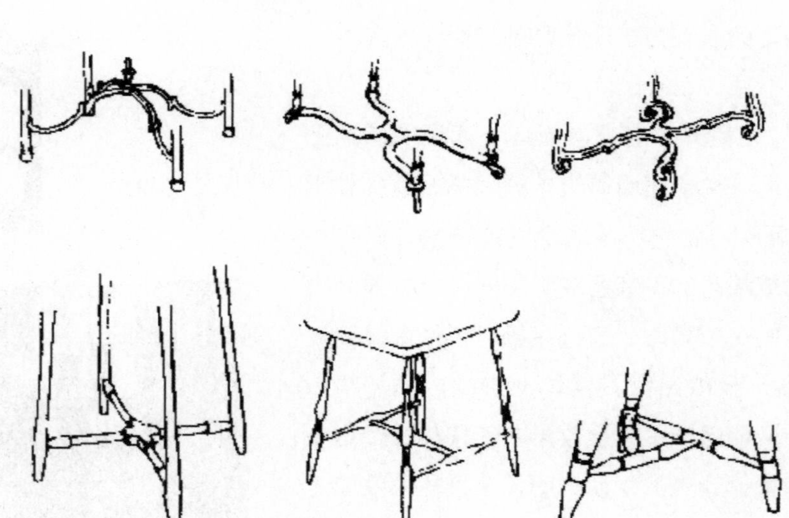

图7.31 脚架的几种主要类型

图7.32　传统中式家具中脚架的运用

3. **家具的顶饰与帽头**

（1）顶饰是指高于视平线的家具顶部的装饰性零部件。

（2）帽头是指家具框架上端的水平零件，是欧式家具和美式家具的主要装饰手法之一。

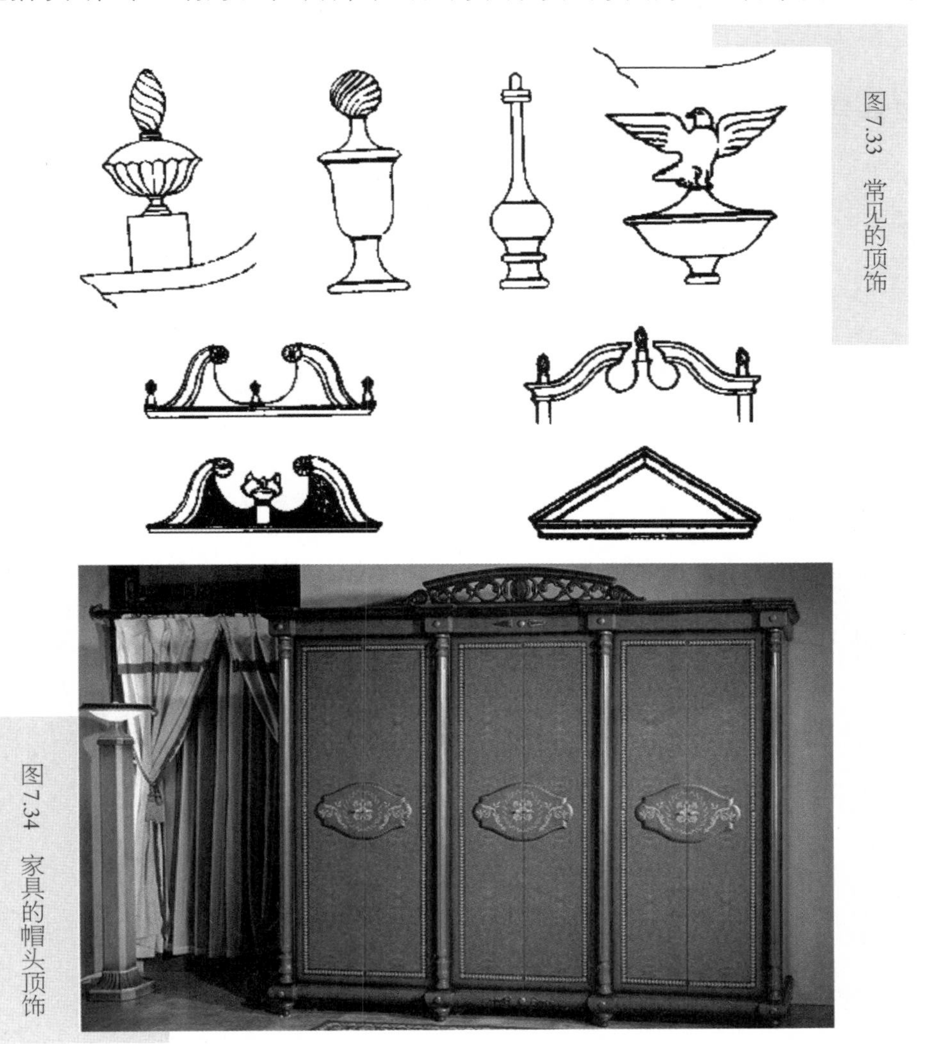

图7.33　常见的顶饰

图7.34　家具的帽头顶饰

四、作品欣赏

图7.35 卷曲椅

图7.36 欧式沙发

本章思考与练习

1. 简述家具装饰设计的历史及装饰方法。
2. 简述家具装饰设计元素。

第八章 家具设计创新构思方法

◆ **学习要点及目标**

1. 了解家具创新设计思维的概念
2. 训练家具创新思维的形成
3. 掌握家具设计创新构思的方法

◆ **核心概念**

家具创新设计思维的概念；家具创新设计思维方法的分类

家具设计创新构思方法在家具功能创新、造型创新、材料应用创新、结构形式创新等方面的应用

引导案例

家具创新设计是指把家具的功能性、形态结构、工艺材料等要素从社会学、经济学、技术学、艺术学的角度进行综合的创新性设计，使家具既能满足人们对于其物质功能需求之外，又满足着人们对审美功能的更高层次需求。

从设计创新的角度来看，家具的创新设计有着广义和狭义的之说。广义角度的创新设计是指家具产品“在使用功能、技术条件、家具性能、家具构造以及材料选择应用等方面，有着与原有设计存在本质区别或显著差异的设计作品”。而狭义的家具创新设计则是指“某种设计特质首次出现或者应用于产品”的局部创新设计。

如图8.1所示，这是一款机场私密躺椅，由设计师Uriel Serrano设计完成。Slater机场私密躺椅是一款极具创新仿生理念的家具，专门设计用于在机场特殊场所的休息室。这款椅子不仅仅造型上具有穿山甲般的仿生外形，而且巧妙地借助甲壳般的结构，易于收放折叠。Slater机场私密躺椅是灵感来源于仿生学创新设计最好的案例之一，设计师是借用了穿山甲外壳的原理，躺椅上面是个可以打开也可以合上的罩子，无论坐在这是想看点什么、说点什么，或者只是想躺着休息一会儿，它都能提供一个比普通椅子更加私密的小环境，令使用者可以隔离外部的喧嚣，为等待飞机的人们创建了放松的私人隐秘场所，得到舒适的休息。不仅如此，每个休息座椅都配有无线上网，电源插座，箱包锁，甚至一个闹钟，可以提醒你千万不要错过你的飞行。

图8.1 Slater机场私密躺椅

第一节 家具创新设计思维概念

家具设计的切入点应该是创新，因为家具的设计不应在固有和模式化的设计思维状态下进行。家具的创新设计必定是设计思维与方法的创新。家具设计的创新思维中集中地包含了设计本身行为、原材料的选用、生产工艺、技术的创新等相关内容。它主要体现在新理念的产生和确立、新原理的开启和突破、新材料的开发与应用、新功能的展现与推广等几个方面。

具体说来，家具的创新设计应具有以下基本特性：

首先，应该表现在是具有独创性的。胶合弯曲木家具设计、塑料家具设计、整体玻璃纤维家具设计、充气家具设计等出现时，都具有设计的独创性。

其次，外观造型具有新的形态特征。从家具的外形特征、色彩处理运用、材质肌理应用、表面装饰处理手法、家具组合形式等方面使产品发生显著变化。

再次，添加了一定新的功能的现有产品的升级形式。比如带拷贝功能并可调节台面倾斜角度的设计工作台相对原有固定台面的工作台来说，就是一种有新功能特征的新产品形式；又如增加了消毒、除味、通风等功能的鞋柜的设计等都属于此类。

此外，还表现在是选用了某种新材料的。比如像采用了弹性纤维材料制成的坐具座面与椅靠背的家具，相对于原有的金属与木结合座椅和皮座椅则是一种全新的家具形式。

最后是表现在具有某种性能与结构有了重大改进的现有产品创新。比如相对于单一功能家具的多用途组合式家具设计，以及相对于固定式家具的拆装家具设计，都属于这种具有改进性的新设计类型。

因此，家具的创新设计主要就是围绕着家具新的功能设计、新的造型形式、新的材料应用以及新的结构形式等相关的设计内容来进行的。

第二节　家具创新设计方法的应用

课题训练

课题内容： 家具创新设计方法的应用

课题目的： 1. 通过本节的学习了解多种家具的功能创新设计方法。

2. 掌握家具的功能创新设计的思维方法和设计要点。

课题要求： 掌握家具在功能、造型、材料应用、结构形式等方面的创新设计的基本要求

课题教学： 1. 教师讲述家具在功能、造型、材料应用、结构形式等创新设计方面的一些常用思维方法和设计途径。

2. 教师通过一系列设计案例的分析，向学生强调家具创新设计的思维方式和设计要点。

课题作业： 运用家具创新设计的思维方法，或针对日常生活中一件家具进行的创新设计训练，包含三视图、效果图和必要的文字说明，A3版面。

一、案例解析

如图8.2所示，这是由设计师Damien Ludi与Colin Peillex联手合作共同设计完成的一款摇椅。这款摇椅具有坐摇椅和织毛衣的双重功能，当你坐在舒适的摇椅上晃动的时候，摇椅上的自动针织机会巧妙地利用这个动能让齿轮开始转动，只要你有足够多的休息时间待在这把摇椅上，以及有足够多的摇摆，或迟或早，你总会得到一顶由自动针织机为你编织而成的针织帽。设计师Damien Ludi与Colin Peillex创意构思十分巧妙，且通过理性的思维，将零散事物的各个属性方面结合起来考虑，把坐摇椅和织毛衣这两种平时生活常见的休闲放松方式合二为一，创造了这款既创新又实用的Rocking Knit针织摇椅。

图8.2　Rocking Knit针织摇椅

如图8.3所示，德国设计师Till Könneker设计出了这个Living Cube多功能家具方案。因为考虑到人口的稠密程度也是全世界各大城市无法避免的问题，水泥高楼一栋比一栋更高、户数一栋比一栋更多、面积一间比一间更小，吸纳的人口却是一区比一区更密集。那么，一个人所需的生存空间可以被压缩得非常小，而且越来越小，难道就没有一种折中方式吗？在不占用过多空间的情况下，充分保留个人住居使用时的舒适性、功能性。Living Cube多功能家具设计就是这样一个具有创新意义的解决方案，它仅仅占用6×6.2尺，也就是182×188厘米的空间，借由组合式系统家具的概念，在这个大大的方块中整合了多种家具功能，一个方块既拥有两个完整尺寸的床铺，同时拥有收纳、挂衣甚至电视架的功能，如果加上滑轨，宏观一点来看，就成了个人的室内魔术方块。透过不同的抽屉、尺寸组合，Living Cube还能发挥更多功能，甚至非常适合聚落式的艺术家空间、军队或是寄宿学校学生的宿舍之用。

图8.3 Living Cube多功能家具设计

二、参考案例

如图8.4、图8.5所示，设计师Karthik Poduval设计了一款双人凳。虽然从外观上来看，这款凳子和一般的凳子没有太大的区别，但是设计师经过细致设计，凳子在结构上采用模块化设计，由八个不同零件组成，可以从侧边拉开，变成一个板凳。设计师最初的打算是设计一款能够适用于家庭和公共场合的节省空间的家具，后来凳子的功能由节省空间变成分享空间，不仅是一件家具，而且还可以和用户进行有趣的互动。

图8.4 双人凳

图8.5 双人凳

如图8.6所示为韩国设计师Seungji Mun针对爱养宠物家庭特别设计出的一款极具趣味的“狗屋沙发”。作为宠物家具品牌m. pup的首款作品，这款双人沙发巧妙地将沙发和狗屋连为了一体，并由稳固的白蜡木和舒适厚实的织物软垫组成，沙发右侧有一个带沙发软垫的小空间，宠物可以藏身其中休息，亦可轻窜上沙发与主人玩乐。

图8.6　狗屋沙发

如图8.7所示，现居荷兰的韩国设计师Juno Jeon发现，一些令人感到惊讶的意外移动，会让总是静静待在房间角落里的家具看起来真的好像活了一样。这个思考和研究便带来了这个独特的家具设计。

图8.7　Pull me to live

基于对物体运动的研究，一开始Juno想做一个有着动物形状的抽屉柜。经过一番思考，显然单纯的动物形状只能让抽屉慢看起来像生物，并不能让抽屉看起来就是“活着的”。最后，考虑到抽屉在使用时都必然会有一个推拉的运动，设计师决定让这个推拉的动作来触发另一个令人意外的动作，最终带来了“Pull me to live”。

这个抽屉有着鱼鳞一般的特殊皮肤，当抽屉处于关闭状态时，它只是有着花哨外观的普通抽屉，但当抽屉被拉出来的时候，这些“鳞片”也就随之翻动起来并改变颜色，这就让它看起来仿佛某种活物，在外界刺激下有了反应。而当抽屉被推回去时，“鳞片”又再次翻动回到原来的状态和颜色，好像它又再次回到了原来的沉睡状态。在最终确定下“鳞片”翻动这个动作前，设计师也想到了很多种其他的可能性，比如推拉时抽屉会自动播放音乐，又或者抽屉的两侧改成轻飘的布料或者丝带，甚至有一个还做出了样品，当推拉抽屉时，放在抽屉上的羽毛会随之飘动，就好像抽屉在呼吸。

如图8.8、图8.9所示，无论是在家里还是在办公室，我们所在的空间总充满着不同类型的家具，我们每天无数次在它们身旁经过，却很少有交集，它们就那样静静地待在角落里。那假如这些物品，都像活物一样，有着鲜活的生命呢？我们的生活会不会就此增添了很多乐趣？

图8.8　Fade橱柜设计

图8.9　Fade橱柜设计

设计师也在想象“如果静物变成活物，它可以自己主动做某些事情”，基于这个想法，Juno带来了Fade系列柜体的设计。站在不同的角度观察，你会发现这款柜子的正面有全然不同的颜色和可视程度。不管从哪个方向打它前面经过，你都会发现柜子有一些细微的变化，仔细留意，就会发现柜子正面会从完全的封闭变成透明最后又变回封闭，又或者是各种颜色显现、消失又再出现的变色过程。虽然是通过巧妙的设计让你的移动来引发这些变化，但就好像是柜子是生命体，它的“眼睛”正在注视着你，随着你身影的移动而移动。

图8.10　Mbrace户外座椅设计

如图8.10所示，Mbrace是户外家具中一款突破常规并且有趣的座椅，DEDON将独创设计语言融入了这款北欧风情的户外家具，并第一次将独家纤维材料和柚木基座结合在一起，结果诞生了这款惊艳且魅力十足的椅子。此款椅子的设计师是德国设计师Sebastian Herkner，他是欧洲众多具有天赋的年轻设计师之一，他设计的Mbrace座椅完全做到了完美融入生活。这款椅子不仅具有美丽的外形，最显眼的特色之一就是由三款开放、网格状、色彩各异的纤维组成的软垫；而且还有舒适的靠背、扶手和增加的脚凳，人性化的设计让你体验到无与伦比的舒适，自在享受惬意时光给人带来的是温暖舒适、被包裹着的轻柔体验，椅子超宽的背部环绕身体，在冰冷的池水中游泳之后，这种安全放松之感更加强烈。

如图8.11所示，SPLINTER柴之美座椅由日本设计师佐藤大和nendo工作室完成。这组作品的设计概念，是将一颗树木的枝干劈开，将其一分为二或一分为三，衍生出发散、聚集、分与合、细节与整体的简单而有趣的变化。各部件的节点就像是木头自然的劈裂。极致的工艺，让这些“劈裂”处得以完美过渡与衔接，浑然天成，形成高度的艺术美感，同时也巧妙地形成支撑。轻巧的结构也大大节省了材料。著名跨界设计师nendo的这组创意作品，在新造型、新结构与传统工艺之间达到了完美平衡，用自然主义的手法对现代设计进行了创新演绎，给木作家具的设计带来全新的视觉体验。

图8.11　SPLINTER柴之美座椅设计

如图8.12所示，诺亚方舟座椅是由丹麦著名设计师雅克布・乔根森设计，这件座椅不仅是一件家具，更是一件艺术品。其造型灵感来自古希腊的城邦航船，可以通过对其28块复合座板构件的自由推拉，形成各种各样的船体形状，令人叹为观止。雅克布称自己的这件作品为“仅一件，便能营造出整个空间的浪漫气氛”。

图8.12　诺亚方舟座椅设计

三、知识链接

1. 家具的创新设计

家具的创新设计是具有创新性质的设计行为，主要表现在以下几种思维形式当中。

（1）理性思维

理性思维强调的是规律，强调的是辩证规律，在进行家具创新设计时，任何应用到的设计元素都有着内在联系的。任何元素构成角色时，都是有着相关关联性、延伸性的。比如对于相同的设计元素，不同的人有截然不同的认知，不同的场景，不同的环境，都能延伸出不同的概念出来。理性思维的另一方面，就是在普遍现象中找出规律性的东西。理性思维有八个字即“规律、联系、延伸、常规”的基本概念，理性思维也可称之为“逻辑思维”。逻辑思维可以帮助我们把任何事物编辑成一个框架，一个公式，然后推进来进行演绎与归纳、综合与分析，所以抽象与具体是理性思维中常用的方法。

（2）形象思维

形象思维指的是不脱离形象的具体形态特征，并通过联想、想象、幻想的方式，伴随着强烈的感情特征、鲜明的态度，运用集中概括的方法而进行一种思维形式。其认知过程为“映像（通过感觉和知觉发现并摄取）—有意识地与另一种事相结合—对这些映像进行重新排列、组合、选择—产生新质的渗透着理性的新映像”。

许多“有机设计”就是运用这种思维方法的结果。一个元素可以派生出多个元素，多个元素再归纳组成一个主题来表达，这是形象性的训练，所以也叫“感性思维”。形象思维要求从事物外在形态上培养一种感观，触发反应。设计师有了一个元素，就要有很多联想的情节，很多形象的变化，很多人物的沟通表达。比如由一个枫叶便想出很多故事、联想很多情感情节出来，这便是形象思维概念。将自然界的生态特性（像形态特征等）加以抽象，并与“家具”概念相融合，按家具的特点和要求重新对这些生物形态进行构思，进而产生具有仿生特性的家具设计。

（3）直觉思维

直觉思维是思维的“一闪念”，一种不加论证的判断力，是思想自由创造。爱因斯坦说：“真正可贵的因素是直觉”。直觉思维的过一般表现为：“经验—直觉—概念—逻辑推理—理论”。

人人都有“直觉”，关键在于这种直觉的质量以及每个人是否把握住了这种直觉。“经验”于直觉非常重要，因为从唯物论的角度来看，即使是直觉，也不会凭空产生，善于把握自己的直觉同样非常重要，这应该是经验的结果。设计经验能够帮助你判断直觉的正因，从直觉到设计概念的转变是设计思维的深化过程。直觉有很多，但直觉不等于是设计，只有让直觉具有了设计的意义才会对设计有所帮助。由于直觉往往是一种不确定的因素存在，将直觉用于设计还需要对直觉进行缜密的思考，最终形成设计必需的设计方案或者设计思想。

（4）灵感思维

灵感是激发、突发、超常规化的概念。当触及某个点的时候，会引发起一个一个的思考点，迸发出灵感。按照思维科学的概念，灵感也不是非常神奇的，如果大脑里根本不储存家具设计相关方面的知识面和知识点，依然产生不了优秀设计的灵感。因此，灵感思维要靠自身的知识储备，储备越多，思路也就越开阔。通过对这个点的引申，把另一个知识点引发出来。所以说灵感思维是超常规的，它没有规律，是跳跃性的。

2. 家具设计的创新构思

家具设计的创新构思方法不单单是研究或使用几个方法，创新设计方法应该从方法论的角度进行多维度的思考。方法论的角度应该针对不同的设计项目去寻找切实可行的设计思维方法。家具的创新设计不可能仅仅是用一种思维方法，一个成功创新设计里面必然会同时采用多种的思维方法去解决设计中的问题。所以，针对家具的创新性设计活动，这需要科学地运用一系列创新设计思维方法才能达到相应的设计目的。

（1）类比思维法：把需要的设计功能元素的内容采集到一起，进行分类比较，通过比较找出最适合的、最可行的、最受欢迎的、最具操作性的。通过这些类比，能够使设计的思路非常清晰，知道什么东西对你的设计有用，什么内容对你的这个项目的价值最大等。

（2）技术预测法：设计师要做到创新设计，必须要了解每段时期内行业领域每个学科的新技术。比如，针对一些具有开发创新性的设计项目，就可以应用技术预测这个方法去推进。虽然，许多最新的技术现阶段社会有时接受不了，是因为它的没有推广，成本相对昂贵。但是，有些技术终究要走向社会，纵观设计史，许多划时代意义的家具设计，都是成功与当时最新的技术相结合的产物。所以，对这些技术进行一定的预测，会朝着什么样的方向发展，顺应着这个方向来寻求家具创新设计的方向。

（3）反逻辑设计法：反逻辑是指将没有关联的、分散的，有时候你要从很多不相干的元素中找它们联系的规律。按照逻辑概念，应该按它们之间的相互关系整合设计。按照反逻辑设计法来进行家具创新设计，会把一些常规的家具设计进行推倒重新设计，就需要打破常规的设计思维方式，反逻辑思考设计中的关联性，思考家具设计中一系列的设计因素。

（4）信息分析设计法：信息分析设计法类似于统计学。设计师许多具有创造力的想法，很多是在信息分析之后得出来的创意。在这个信息发达的时代，信息本身就有创新创意的落脚点所在。关键要运用信息分析设计法，找到哪些信息是重要的、哪些是次要的、哪些是具有参考价值的、哪些是重叠的、哪些是跟设计元素相通的，这些通过信息分析法分析之后，都能为家具的创新设计寻找到一些思路。

（5）仿生设计法：家具的仿生设计一般都是取自于自然界的元素，设计上比较常见的多为造型形态上的仿生，也有一部分是根据自然物的生态结构来模仿设计新的家具结构和材质。当然，无论设计师采用何种仿生模式，都要考虑应用何种仿生元素？它的可取性在哪里？比如说家具设计中形态仿生，就需要分析出这种元素中具有美感的内容，再将它进行演变，转变为创新的设计语言来进行表达。

（6）相似设计法：设计中有很多方向是相通的、似乎很相近的地方。设计者应该多从不同领域的设计寻找它们之间的相似性和它们的共同点在哪里，整个支撑它们的是一个什么样的结构，在生产的过程中采用了什么样的材料、工艺和生产方式。通过对这些问题的分析，找出家具创新设计应从什么点上去思考和推进。

（7）优化设计法：优化设计是强调金字塔形的。做任何创新的设计都应该有优化的概念，如果要获得一个非常满意的优化设计，那么这个设计的优化层面断层应该要多，体现在优化设计法上的金字塔形也就会非常饱满。比如设计师要优化一个家具的创新设计方案，他每做一个项目甚至要做出几十个方案出来，然后从这几十个方案中层层筛选，这个就是优化概念。金字塔形首先需要的是量，然后逐级提升、提炼，才能获得金字塔顶层结构上的价值。

（8）动态分析设计法：动态分析设计法是可以针对市场未来几年之后对一个设计认同程度进行的一种动态分析，这种方法可以分析设计产品之间、设计状态之间、设计产品构成之间的关系，含有相互影响和联系的概念，这个概念可以形成一个动态曲线。比如针对一个家具创新设计，首先可以借助动态分析设计法分析出往后几年市场对这类设计的认知概念，从而形成一个动态曲线，根据曲线制定设计的定位，包括使用功能、设计造型、材料和制作工艺、产品结构等等。通过这个设计方法可以让你的设计对未来市场有一个相对准确的把握，提高设计品的成功率。

（9）形态功能分析法：形态功能分析法是根据形态学原理来分析设计问题的，找到设计问题的总体解决方案。一个设计方案是否可行，都可以采用形态学方法进行分析及论证。这个方法最大的优点是对一项“未来技术”的具体可行性分析，这种方法在总体上既可以用来探索新工艺、新技术，也可以评估出实现该工艺技术的可能性，为探索未来描绘出一幅清晰的思路。所以，在家具的设计创新上是可以采用这种思路方法的。

一项家具的创新设计方案是否能取得成功，首页取决于设计思维的高度和设计手法的层次上。无论你采取何种创新设计形式，都应围绕着满足人的功能需求而产生的，设计又会因为功能的内容，在设计过程中会伴随着产生一种结构形式，又由结构形式延伸出该家具的外观造型和材料工艺，整个家具的创新设计是具有次序性的，并逐层展开，从模糊到清晰。为了达到创新设计的需求，无论是选择科技和新技术的支撑，还是在设计作品中体现文化、工艺、色彩、美学、潮流、艺术等因素。所有的前提，就是要选择一个优良的创新设计方法，由好的创新构思方法引导形成完美的设计手法，最终达到最佳的创新设计方案。

四、作品欣赏

如图8.13所示，中国香港设计师Mark Mak设计的BOOK FURNITURE家具创意十足，实用性强。BOOK FURNITURE在不“工作”时，是以一本书的样子示人。需要使用时，可以轻松地通过翻转并在顶部加上一块木板让它变身为边桌、凳子等家具的样子示人。

图8.13　BOOK FURNITURE设计

如图8.14所示，纽约设计师Ian Stell设计了这款可自由伸缩的家具Sinan，他的家具作品兼具艺术和功能性，每件家具都是一项小工程。可伸缩家具的设计灵感来源于16世纪的古老机器：画图仪，利用菱形杠杆原理可以等比例缩放或扩大图形。

图8.14　伸缩的家具设计

如图8.15所示，扶手椅与咖啡桌是曲美与设计师梁志天、卢志荣合作的两款作品：扶手椅与咖啡桌，两款产品的设计灵感均来自扇子，扶手椅从团扇中获得设计灵感，以其团圆如月的形状暗合中国人崇尚合欢吉祥的寓意。

图8.15　扶手椅与咖啡桌设计

如图8.16所示，“素月”梳妆台是由设计师姜峰设计，姜峰选择了对梳妆台元素进行塑造，设计出了“素月”。“素月”的原型为明式裹腿罗锅帐画桌，设计师运用现代的设计手法及材质工艺对其进行极具建筑结构感的全新解读。“素月”造型轻盈而流畅，圆镜置于屏风之上，好似一轮明月爬上窗棂。

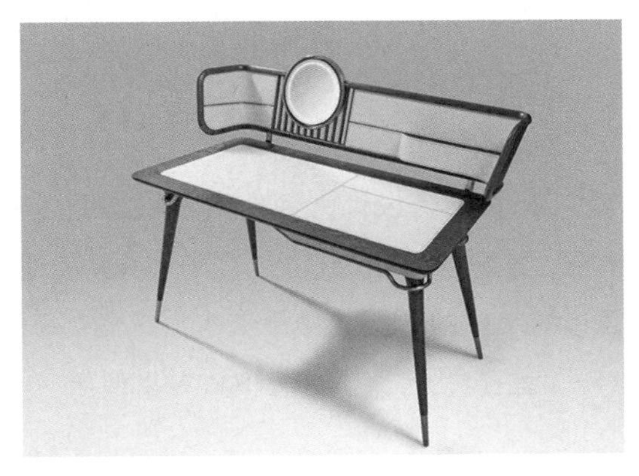
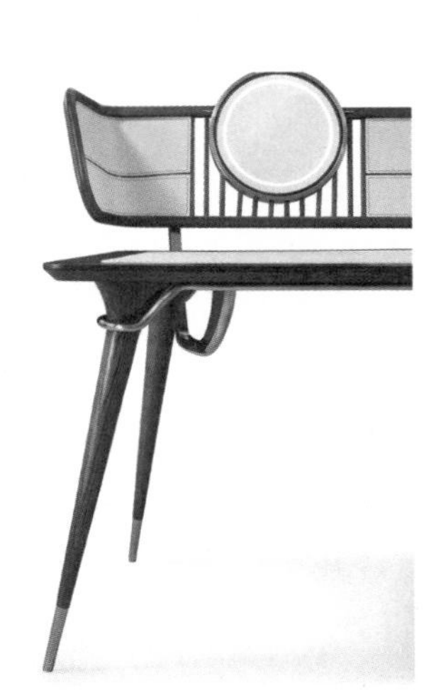
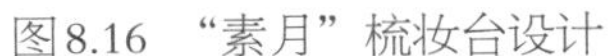

图8.16　“素月”梳妆台设计

如图8.17所示，“首领”边柜是荣麟携手梁建国和周宸宸两位知名设计师，在传承和创新的道路上迈出新的一步。“首领”边柜设计来源于西夏文九叠篆“首领”印章。梁建国和周宸宸两位设计师分工合作，分别从“首领”印章的纹路和钮柄出发，寻找设计灵感，以胡桃木、铜和太湖石为材料打造。造型取材于印章纹路非横即竖的古雅纹路，柜体线条繁而不乱。其摆放可合可分，自由灵活，具有书架和空间隔断的双重功能。

图8.17“首领”边柜

如图8.18所示，“真菌”系列家具是Alcarol工作室设计，Alcarol工作室灵感来源于有真菌生长的枯死的树木。枯死的树木分解的早期会有一种效果，真菌生长时会导致木头色彩的变化，错综复杂的纹理线条引人注目。Alcarol工作室对这种木头加以利用，设计出工作台和凳子。工作台由一块带有真菌的被遗弃的山毛榉木板制作而成，它被薄刀片切割成两部分，再重新组合，这样在拐角处的纹路便能重合，更显流畅自然，利用特殊工艺，树脂边缘与木板的平行、垂直部分均无分离。

图8.18“真菌”系列家具

如图8.19所示，“喵”桌（mew table）是英国女建筑设计大师扎哈·哈迪德生前最后一件设计作品，这款“喵”桌沿袭其Z椅和蝠鲼一贯的风格：抽象、超前感十足。“喵”桌由高密度的聚氨酯制成，流体折纸的单片结构给人超现实的感觉，桌面边缘下垂的曲线就像是流水自然倾泻，这种扭曲和反常规是扎哈标志性的设计风格。“喵”共有有黑、红、白三色，可以做办公桌或餐桌使用。

图8.19 “喵”桌（mew table）

如图8.20所示，Carlo Ratti Associate公司在瑞士家居公司Vitra的支持下设计出这款lift－bit百变沙发。从本质上说，它其实是一个个的模块，通过不同的组合方式，可以扮演椅子、休息室、床等各种功用的家具或办公用具。它的每一个模块是一个可升降的正六边形座椅。正六边形可以说是一个很神奇的几何形状，它能够不重叠地铺满一个平面，而相比于另外两种有同样功能的形状（正方形、正三角形），它能以最小量的材料占有最大面积。如此一来，它既能随你所欲搭配出各种不同的形状，又能保证高效性。

图8.20　lift－bit百变沙发

如图8.21所示，“Sunny”阳光家具是乌克兰设计师Dmitry Kozinenko设计的作品，这一套家具不仅有极简的线条，还与投射到地上的阴影融为一体。光与影的结合在这套作品里得到了充分的体现，Dmitry Kozinenko采用的是最简单的立方体结构，用干净的平面和线条勾勒出了茶几和收纳柜的面和边框。具创意的是设计师模拟了阳光照射立方体会在地上投出的阴影，干脆把影子也做成了家具的一部分，让人仿佛踏进了二次元的世界。无论窗外有没有灿烂的太阳，家中始终有阳光的足迹。

图8.21　“Sunny”阳光家具

如图8.22所示，W. Wong二次元线条家具是由西班牙的设计师 Víctor Hugo Medina 和Raúl Téllez设计完成。这套家具组合是由金属线条框架构成，远远看上去有二次元的效果，在金属线条上放置木质的平面，就可以组成桌子、椅子。设计师把这套家具设计成了可以自由组合的模式，线条框架上的凹槽与木质平面的底端正好吻合，就可以自由组合桌面了。

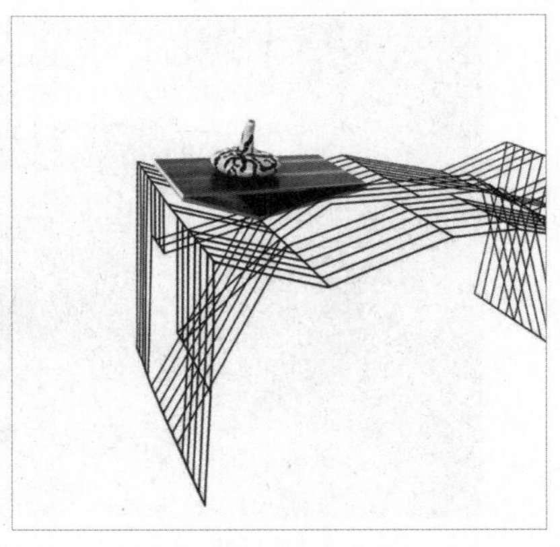

图8.22　W. Wong二次元线条家具

如图8.23所示，Oru折叠几何形系列家具设计者是Aljoud Lootah。Oru的灵感来自古老的日本折纸艺术形式，而Oru这个名字正是源于日本字“折叠”。Aljoud Lootah通过传统轮廓、概念与现代元素相结合设计了这系列作品，折叠和几何形状是她灵感的核心。Oru包括一个柜子、一个台灯、一把椅子、一个装饰镜子。它们的造型借鉴了复杂的几何图形，每个设计混合使用了像柚木木材等材料。

图8.23　Oru折叠几何形系列家具

如图8.24所示，植入植物纤维的树脂家具是由芬兰设计师Wiktoria Szawiel设计，他将天然植物纤维融入树脂材质中，设计了一系列特色家具，有椅子、凳子、桌子，还有一些花瓶和容器。开始试验的时候，他只是将不同种类的花草和植物浇上树脂，制造的样件类似于化石。最终，设计师利用藤条、柳枝、木材编织成椅子、凳子等结构，将乳白色的树脂直接浇注到为椅子、凳子而专门设计的模具中，出模后再用砂纸打磨，我们就清楚地看到了这些相互交错的纤维图案。

如图8.25所示，Slap翘角家具是由意大利设计师Nicola Conti设计，“Slap”正如它的名字一样，是一系列以直截了当为理念的家具，其核心元素是每件家具都有翘起的边角，而且边角里面有蹊跷。“Slap”家具从整个空间结构出发，涵盖了卧室、客厅、洗手间等空间，并针对不同功能空间设计不同的家具，其中包括柜子、洗手盆、电视墙、搁架等。每件家具都包括两层：里面的深色实木，以及外面的

图8.24　植入植物纤维的树脂家具

图8.25　Slap翘角家具

白色合成材料。在门、抽屉、台面等位置，都有一个翘起的圆角，一方面可以让人一看看到里面的实木，另一方面还可以起到把手的作用。

如图8.26所示，Diatom铝制椅子是由英国设计师Ross Lovegrove设计，这把椅子最大的特点在于它采用了压铝技术。压铝工艺是由汽车制造行业发明的一种成型工艺，把这种工艺应用到了家具设计当中，设计了一款铝材叠加椅子，整把椅子完全采用金属铝做成，可以方便叠加，室内户外使用均可。每把椅子在制作时需要经过如下步骤：首先采用拉拔工艺利用拉力将铝材成型，然后进行3D激光切割，做出椅子的外部轮廓，接着再次拉拔出卡槽、椅子腿、突起、边缘等部位，最后完成座位和椅子腿卡槽，完成组装。

如图8.27所示，Renier Winkelaar工作室在古老的荷兰风车连接的启发下设计了这款叫做Craft2.0的桌子。它是一款不存在任何现代元素的桌子。即使是把各个零件组合到一起的“螺丝”，也是木材制作的

图8.26　Diatom铝制椅子

齿轮，是一款极具复古气息的现代家具。Craft2.0桌子使用橡木制作，长度230~270cm，它是可以缩短或者延长的。只要转动齿轮，就可以达到用户想要的长度。

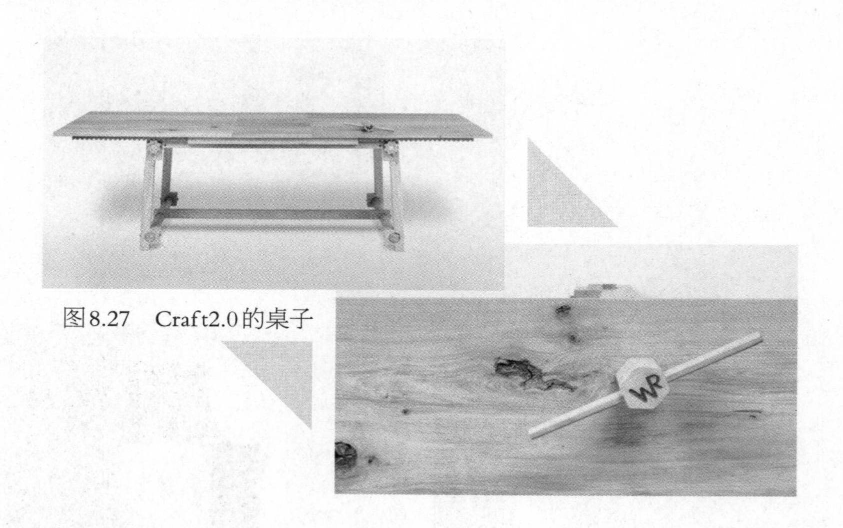

图8.27　Craft2.0的桌子

如图8.28所示，刺（Spike）座椅是由瑞典的设计师Alexander Lervik设计。这把椅子底座为一块铁板，铁板上面焊有许多铁管，铁管里插有圆滑的木棒，这些木棒的截面各不相同，共同模拟出一个人体轮廓曲面，从而形成一把做上去很舒服的椅子。“刺”的灵感源于设计师的一次菲律宾之旅，当时遇到了倾盆大雨，雨点仿佛连成一条条倾斜的线，从空中落下，恰似这把椅子的外形。

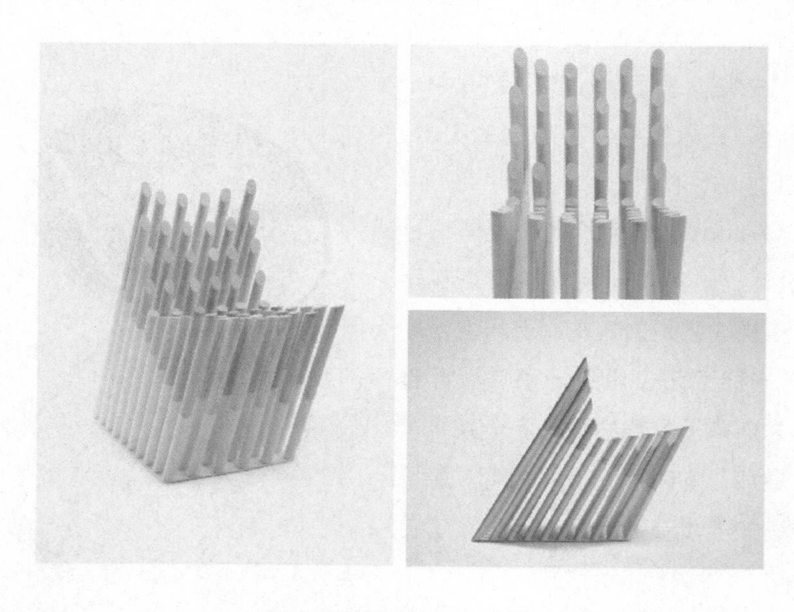

图8.28　刺（Spike）座椅

本章思考与练习

1. 什么是家具创新设计，它未来发展的方向在哪里？
2. 家具的创新设计思路和方法有哪些？
3. 一个优秀的家具创新设计方案应具备哪些特质？

参考文献

[1] 唐开军. 行焱，家具设计（第二版）[M]. 北京：中国轻工业出版社，2015.

[2] 钱芳兵. 家具设计 [M]. 北京：水利水电出版社，2012.

[3] 刘培义. 家具制造工艺 [M]. 北京：化学工业出版社，2013.

[4] 彭亮. 家具设计 [M]. 武汉：武汉大学出版社，2015.

[5] 彭亮，许柏鸣. 家具设计与工艺（第三版）[M]. 北京：高等教育出版社，2014.

[6] 丁玉兰. 人机工程学（第4版）[M]. 北京：北京理工大学出版社，2011.

[7] 张峻霞，王新亭. 人机工程学与设计应用 [M]. 北京：国防工业出版社，2010.

[8] 王熙元. 环境设计人机工程学 [M]. 上海：东华大学出版社，2010.

[9] 周雅南，周佳秋. 家具制图（第二版）[M]. 北京：中国轻工业出版社，2016.

[10] 周麒. 家具设计 [M]. 武汉：华中科技大学出版社，2016.

[11] 程瑞香. 室内与家具设计人体工程学（第二版）[M]. 北京：化学工业出版社，2016.

[12] 陈祖建. 家具设计常用资料集（第二版）[M]. 北京：化学工业出版社，2012.

[13] 吴智慧. 室内与家具设计（第2版）[M]. 北京：中国林业出版社，2012.

[14] 徐长玉. 现代家具造型设计与实例 [M]. 北京：机械工业出版社，2014.

[15] 徐望霓. 家具设计基础（第二版）[M]. 上海：上海人民美术出版社，2014.

[16] 林金国. 室内与家具材料应用 [M]. 北京：北京大学出版社，2011.

[17] 尼考莱特·鲍迈斯特. 新景观设计 [M]. 付天海译. 沈阳：辽宁科学技术出版社，2006.

[18] 田中直人，岩田三千子. 标识环境通用设计 [M]. 王宝刚，郭晓明译. 北京：中国建筑工业出版社，2004.

[19] M. 得瓦洛夫斯基. 阳光与建筑 [M]. 金大庆，赵喜伦，余平译. 北京：中国建筑工业出版社，1982.

[20] 扬·盖尔. 交往与空间 [M]. 何人可译. 北京：中国建筑工业出版社，1992.

[21] 荆其敏，张丽安. 情感建筑 [M]. 天津：百花文艺出版社，2004.

[22] 安藤忠雄著. 安藤忠雄论建筑 [M]. 北京：中国建筑工业出版社，2003.

[23] 马铁丁. 环境心理学与心理环境学 [M]. 北京：国防工业出版社，1996.

[24] 余树勋. 园林设计心理学初探 [M]. 北京：中国建筑工业出版社，2009.

[25] П. М. 雅各布松. 情感心理学 [M]. 哈尔滨：黑龙江人民出版社，1988.

[26] 阿尔伯特·J. 拉特利奇. 大众行为与公园设计 [M]. 北京：中国建筑工业出版社，1990.

[27] 涂慧君. 大学校园整体设计：规划·景观·建筑 [M]. 北京：中国建筑工业出版社，2007.

[28] 杨·盖尔. 交往与空间 [M]. 北京：中国建筑工业出版社，2002.

[29] 陈伯超. 景观设计学 [M]. 武汉：华中科技大学出版社，2010.

[30] 苏珊·池沃斯. 植物景观色彩设计 [M]. 北京：中国林业出版社，2007.

[31] 李迪华. 徒步阅读世界景观与设计 [M]. 北京：高等教育出版社，2010.

[32] 丁圆. 景观设计概论 [M]. 北京：高等教育出版社，2008.

[33] 周逸湖，宋泽方. 高等学校建筑·规划与环境设计 [M]. 北京：中国建筑工业出版社，1994.

[34] 张鹏. 校园视觉文化中隐形价值的研究 [M]. 北京：人民教育出版，2008.

[35] 克莱尔·库珀·马库斯. 人性场所——城市开放空间设计导则 [M]. 北京：中国建筑工业出版社，2001.

[36] 芦原义信. 外部空间的设计 [M]. 北京：中国建筑工业出版社，1985.

[37] 郑锐峰. 大学校园空间的人性化设计研究 [D]. 浙江大学，2007.

[38] 吴雄熊. 大学校园环境景观设计研究 [D]. 华中农业大学，2009.

[39] 金庆庆. 大学校园主要户外空间的调查与研究 [D]. 同济大学，2006.

[40] 潘峰. 大学校园公共空间人性化设计研究 [D]. 武汉大学，2005.

[41] 赵玫，高巍. 呼唤积极参与的人性户外空间——清华大学校园广场空间环境行为调查与评价 [J]. 华中建筑，2006 (09).

[42] 赵坤，唐浪，任君华. 清华大学校园景观环境的比较赏析 [J]. 低温建筑技术，2008 (04).

[43] 唐纳德·A. 诺曼. 情感化设计 [M]. 北京：电子工业出版社，2005.

[44] 竹内敏雄. 论技术美 [C]. //技术美学与工业设计. 天津：南开大学出版社，1986.

[45] 徐恒醇. 技术美学 [M]. 上海：上海人民出版社，1989.

[46] 王谦. 于技术美学的现代家具设计研究 [D]. 江南大学，2008.

[47] 金易，夏芒. 实用美学：技术美学 [M]. 长春：吉林大学出版社，1995.

[48] 张相轮，武善彩. 当代技术的人文关怀与审美追求 [J]. 无锡南洋学院学报，2005 (02).

[49] 范劲松. 现代工业设计中的技术美学问题研究 [J]. 包装工程，2004 (4).

[50] 诸葛恺. 图案设计原理 [M]. 南京：江苏美术出版社，1998.

[51] 陈煜. 技术与艺术的完美结合——胶合技术在家具设计中的应用和发展 [D]. 南京林业大学，2008.

[52] 凌继尧. 我国技术美学研究 [J]. 江苏社会科学，1996 (6).

[53] 张博颖. 技术美学研究现状及发展趋势 [J]. 天津社会科学，1994 (6).

[54] 王宗兴. 关于技术美学研究方法论思考 [J]. 渤海大学学报，2005 (1).

[55] 涂途. 现代科学之花——技术美学 [M]. 沈阳：辽宁人民出版社，1987.

[56] JohnLoeeke. GrandDesign [J]. Home，2002.

[57] 柳淑宜. 产品信息与信息符号系统 [J]. 家具与室内装饰，2001 (4).

[58] 何人可. 工业设计史 [M]. 北京：北京理工大学出版社，2000.

[59] 陈祖建，关惠元. 基于感性工学的家具设计方案评价 [J]. 工程图学学报，2009，30（4）

[60] 宗白华. 美学与意境 [M]. 北京：人民出版社，1987.

[61] 郭因. 技术美学 [M]. 合肥：安徽科学技术出版社，1983.

[62] 章立国. 现代设计美学 [M]. 郑州：河南美术出版社，1999.

[63] 技术美学与工业设计·丛刊 [M]. 天津：南开大学出版社，1986.

[64] 刘兵. 人类学对技术的研究与技术概念的拓展 [J]. 河北学刊，2004（3）.

[65] 凌继尧. 我国技术美学研究 [J]. 江苏社会科学，1996（6）.

[66] 王宗兴. 关于技术美学研究方法论思考 [J]. 渤海大学学报，2005（1）.

[67] 范玉刚. 技术美学的哲学阐释 [J]. 陕西师范大学学报，2002（4）.

[68] 赵东诚. 技术美学在现代家具中的体现 [J]. 常熟高专学报，2001（6）.

[69] 杨露江. 建筑中的技术美学 [J]. 建筑论坛，2003（2）.

[70] 张阿维，陆长德. 技术美与工业设计 [J]. 西北纺织工学院学报，2000（4）.

[71] 盛永宁，周祖荣. 试论工业设计对技术美的要求 [J]. 常州工学院学报，2005（1）.

[72] 邱志涛. 现代设计与技术美学的思考 [J]. 株洲工学院学报，2002（2）.

[73] 郁俊馨. 浅析产品设计的三个层面 [J]. 高等教育研究，2007（2）.

[74] 许柏鸣. 家具设计的理念与实务 [J]. 家具，2000（2）.

[75] 林作新. 中国传统家具的现代化 [J]. 木工杂志家具，2001（12）.

[76] 许宁. 杜夫海纳技术美学思想评述 [J]. 哲学评价，2006（10）.

[77] 钱景. 技术美学的嬗变与工业之后的景观再生 [J]. 规划师. 2003（12）.

[78] 郑学诗. 技术美学笔记四则 [J]. 中共太原市委党校学报，2003（2）.

[79] 贡布里希. 秩序感 [M]. 杭州：浙江摄影出版社，1987.

[80] 阿诺德·豪赛尔. 艺术史的哲学 [M]. 北京：中国社会科学出版社，1992.

[81] 黑格尔. 美学 [M]. 北京：商务印书馆，1979.

[82] 米盖尔·杜夫海纳. 美学与哲学 [M]. 北京：中国社会科学出版社，1985.

[83] 马克思·本泽. 广义符号学及其在设计中的应用 [M]. 北京：中国社会科学出版社，1992.

[84] 让·拉特利尔. 科学和技术对文化的挑战 [M]. 北京：商务印书馆，1997.

[85] John Pile. 家具设计——现代与后现代 [M]. 台北：亚太图书，2000.

[86] 阿·恩·切列帕赫娜. 现代家具的美学 [M]. 北京：中国轻工业出版社，1987.